新东方草创时期，俞敏洪在讲座后继续回答学生们的问题

90 年代中期，俞敏洪在位于北京中关村的新东方学校门口

90 年代新东方草创时期俞敏洪与学生合影

新东方大厦落成一年后，俞敏洪在自己的新办公室办公

2006年9月7日，“新东方”在纽约证券交易所上市，成为第一家在美国上市的中国大陆教育机构。这是俞敏洪（前排右五）等在纽约证券交易所庆祝上市成功

2004年9月，俞敏洪向贵州毕节地区捐资100万元设立“毕节奖学金”，同时开展“教育扶贫工程”

骑马是俞敏洪最大的爱好，俞敏洪曾形容，“在一望无际的草原上，策马奔驰，听风声在耳边穿过，那时，才感觉自己与大自然融为一体”

新东方成立 20 周年庆典，俞敏洪为大家一展歌喉

新东方 20 周年庆典，当年的三个好哥们儿深情地唱起了《光阴的故事》

在电影《中国合伙人》中，黄晓明、邓超、佟大为分别饰演现实生活中的俞敏洪、徐小平和王强

在绝望中寻找希望

写给迷茫不安的年轻人

柳传志 柴静 推荐

俞敏洪 著

中信出版社 · CHINACITICPRESS · 北京 ·

图书在版编目（CIP）数据

在绝望中寻找希望 / 俞敏洪著. —北京：中信出版社，2014.5（2025.12重印）
ISBN 978-7-5086-4503-2
I. 在… II. 俞… III. 成功心理—通俗读物 IV. B848.4-49
中国版本图书馆CIP数据核字（2014）第055683号

在绝望中寻找希望

著　　者：俞敏洪
策划推广：中信出版社（China CITIC Press）
出版发行：中信出版集团股份有限公司
（北京市朝阳区东三环北路27号嘉铭中心　邮编　100020）
（CITIC Publishing Group）
承 印 者：北京通州皇家印刷厂

开　　本：787mm×1092mm　1/16　　彩　　插：4
印　　张：19　　字　　数：168千字
版　　次：2014年5月第1版　　印　　次：2025年12月第69次印刷
书　　号：ISBN 978-7-5086-4503-2/F・3160
定　　价：36.00元

俞敏洪人物年表

1962 年	出生于江苏省江阴市夏港街道葫桥村
1978 年 [16 岁]	毕业于江阴市夏港中学
1978 年、1979 年	高考两次失利
1980 年 [18 岁]	报名江阴市第一中学高考辅导班，并于当年考入北京大学西方语言文学系
1985 年 [23 岁]	北京大学本科毕业，留校任教
1991 年 [29 岁]	在外兼职授课，受北大处分后辞职，进入民办教育领域
1993 年 [31 岁]	创办北京市新东方学校，担任校长
2000 年 [38 岁]	在全国各地相继设立分校，占据了北京 80%、全国 50% 的出国培训市场；与联想合作，进入远程教育领域
2001 年 [39 岁]	成立北京新东方教育科技（集团）有限公司（目前已发展成为中国规模最大的综合性教育集团）
2006 年 [44 岁]	带领新东方教育科技集团 (EDU) 在美国纽约股票交易所上市，成为中国在美国上市的第一家教育培训机构
2009 年 [47 岁]	获评 CCTV 年度经济人物
2012 年 [50 岁]	《财富》2012 中国最具影响力的 50 位商界领袖
2013 年 [51 岁]	接手民办大学耿丹学院，担任理事长

《在绝望中寻找希望》是俞敏洪身上“永不言败”精神的真实写照，读他的书，就像和他相处一样，你总能感受到他的质朴和真诚，感受到一股强大的人格魅力。

——柳传志

俞敏洪得到的最多评价是“好人”，一个忍辱负重的励志人物。但当《中国合伙人》电影以他为蓝本，讲述他的企业如何被美国人的傲慢激发，奋斗上市时，他却在采访时明确说出教育企业上市的弊端，公开反对“在美国纽交所敲钟才能被世界尊重”的理念，他说“一个人错了就认，认真做事并有意义的企业才能在世界上得到尊重”，这种态度可见他个性的另外一面。

——柴静

目录

第 2 章　我爱的人和爱我的人

第 3 章　我的教育观

中篇 写给年轻人

第 4 章 80、90 后，胜过过去任何一代人

第 5 章 为自己积累比钱更重要的人生资本

第 8 章　人的一生总需要有点理想光辉

下　篇　写｜给｜生｜活

第 9 章　适当地放下，才能得到真正的快乐

要为做人的使命感而活

我最近看了一部纪录片。

这部纪录片是著名的摄影家焦波带领了五六个平均年龄只有 21 岁的弟子，在山东的一个村庄里住了将近一年，对村庄里的老百姓跟踪拍摄，并从几千个小时的拍摄影像里剪辑出一个非常有故事性，打动人心的片子。

在这部片子里你可以看到老百姓的生活境遇、面对现实的挣扎和不屈，我给他们做了一个总结——“在绝望中的乐观”。

片中最让我感动的一个场景是，一个农民在年轻的时候写过很多东西，也酷爱玩乐器，但是因为农村生活的困苦没有坚持下去。但是在这个片子里面他要学琵琶，他老婆跟他争吵，说都吃不饱了，还要买琵琶。这个男人说人活着不是为了吃喝拉撒，还需要有精神上的生活。他有精神上的向往，尽管和吃喝拉撒没有关系，这让我感到心里有点不同的东西。

当人活得像样的时候不是有钱和有地位的时候，而是感觉到自己能够看得起自己，感觉到周围人能看得起你的时候。看得起你不是因为你有钱，而是因为这个人本身存在着某种精神，有了不起的气质，有别人不能做的事情。

在坚持努力的过程中，很多时候会有连自己都意想不到的事情出现。

我从来没有想过能去北京大学读书，直到拿到通知书才相信。我从来没有想过我自己能把一整本英文字典的词条背得滚瓜烂熟，但是我用了三年的时间实现了。假如说我要一辈子在北大当老师，从助教到讲师再到大学教授，我评估了一下，自己可能永远当不了一流教授。因为一流教授在我心目当中都是梁启超、王国维等等这样的人，都是大师，至少也是像季羡林这样的人。像我这样的人是完全不可能的，现在中国有好多的学者，包括像余秋雨、钱文忠等，我如果做教授那连赶上他们的影子的程度都还没有。因为我知道变成伟大学者的前提是以从小的坚实学习为基础的。我的英语是从 16 岁以后才开始学的，历史、地理等科目除了中学课本上教的东西，其他的完全没有。我一直到 30 岁的时候，才真正知道原来太平天国是这么一回事。

我后来养成了这样一个习惯。就是当一件事我能看得到头的时候，我就不愿意去做了。比如我如果在北大做老师那我能够非常清晰地看到头，就是讲师到副教授，完了做个教授还可能混成个三级教授，一辈子就可能在三级教授上待着了。我的导师当时是二级教授，当时他就是两居室，100 多平方米。你会发现，一辈子在北大混，到最后可能也就是他这样子。再加上一辈子当不了一流学者的前提条件，所以我觉得必须出来，去追求一个未知的世界。

当然，追求未知的世界需要你付出更多的努力。你可能生活只够吃饭，也可能成功。但是我想告诉大家的是，当你进入未知领域的时候，吃饭和成功对你的人生来说都是有很大的收获的，永远比你在一个已知的世界中间坚持已知的事情会有更大的收获。

所以我才有从北大出来的想法，希望自己能够有不一样的世界。当然，做新东方的时候我并不是想做成上市公司，只是想自己赚点钱以后到美国读书，因为我觉得那是存在未知的事情。当然，当时没有实现，因为赚不了这么多的钱。当我最后赚了足够多钱的时候，我发现我不愿意去美国了。为什么呢？因为新东方的成长和我在中国遇到的挑战让我发现我个人真的成长得非常迅速。比如说，我刚从北大出来的时候，见到居委会的老太太和公安局的人我都可以害怕得浑身发抖。但是到现在我成长为见到公安局的人像兄弟一样，这是我的社交能力成长了，这在中国非常重要。尤其看到学生喜欢听我上的课，看到学生通过我的教授能够得到满分，能够到美国读书的时候，我的生命感、使命感就出来了，这是有生命价值的。

当然，所有东西的美丽在于你并不知道你到底想最终干成什么样子，但你知道你必须要往前走。因为任何东西往前走的条件是必须要有进步，而不是原地踏步。

当你向前走一万步，你越往前走越有意义，为什么？因为你在两边看到了不同的风景和人。但是，当你坚持走到100万步，你就变成了旅行家。所以一个事做得多了，本质就会改变。

2014年4月于北京

青春就是做梦和犯傻

青春是犯傻的同义词，我们很难把老于世故、老奸巨猾这样的词语跟青春连在一起，也很难将正确看作青春的代名词。也许，青春最大的奢侈就是可以犯傻、可以犯错误！

上大学的时候，我们班一起上山唱歌通宵不归，两个男生为了一个女生围着校园一路厮打，为了写出一首好诗咬断一堆铅笔，全班同学跳贴面舞被学校点名批评，这些都是我们的青春记忆。我在大学时曾帮一个女生扛包，上火车我给她扛包，下火车给她扛包，后来发现这个女生跟另外一个男生在散步。我就问这个男生是谁，她说是她男朋友。我就问她为什么有男朋友还让我帮忙扛包，她说要让男朋友休息一下。我们班的另一个男生为了表达自己的爱情在女生宿舍前拉小提琴，结果被泼了一盆洗脚水。这些犯傻的行为，也许就是青春的形象描绘。

青春没有后悔。如果我们计算好了，能从一个人身上得到什么，再去做自己该做的事情，我们就已经变成了一个计算型的人物，而计算型的人物等同于老奸巨猾，和青春无关。

青春的第二特征就是爱情无悔，爱情纯粹。可是，我发现现在很多同学的青春没有爱情。很多女生在找男朋友的时候，先计算这个男生是什么家庭出身，到底有多少钱，家庭地位如何。这样计算的女生，跟巫婆差不多，基本上很难说跟青春有关。青春是一种脱离世俗的真爱，当男生看上女生，或者女生看上男生，不管她是灰姑娘，还是红姑娘，不管他是富二代，还是穷二代，你都全身心去爱，不顾一切去爱，而他／她的背景，只是那一缕云淡风轻，这就是青春的爱情。

其实，仔细想一想，如果你先计算，然后按照计算的标准去寻找爱情，常常会是一场错误。《红楼梦》里说，机关算尽太聪明，反误了卿卿性命，我觉得恰恰是对计算爱情和计算人生的批判。像我这样的人，在大学的时候如果用计算的眼光看，是没有女生会看上我的。我在大学的时候，家里一穷二白，穿着打补丁的衣服，知识一片空白，文艺活动、体育活动一无所长。而且我长得还非常的土，马云尽管长得难看，但是都比我还洋气一点。

青春的第三个特征，是无怨无悔、不计得失地交往一生中最好的朋友和同学。大家可能看过《中国合伙人》这部电影，是以新东方为背景拍的，那个电影中的角色之一成东青是以我为原型创作的。但我觉得这部电影唯一有魅力的地方，就是三个哥们儿，从大学开始，一起变成朋友，最后一起创业，最后不断为了公司发展，打打闹闹，一起共同努力，让公司成功上市。在现实中，这个故事一直延续到今天，因为里面的另外两个人物就是新东方的徐小平和王强，他们都是我在大学时代交到的最好的朋友。到今天为止，我们依然在一起共同干事业，所以我们的青春一直延续到今天。

在大学的时候，如果说你跟宿舍同学打了架，就一辈子不再理睬，这是失去青春的标志。因为青春就是，不管为了什么打架——为了利益打架，为了女朋友打架，为了分数打架，为了虚荣打架，但打完架后，哥们儿还能在一起抱头痛哭，那才是真正的青春。在大学的时候，我跟宿舍同学无数次喝醉了酒，为了自己的成绩落后，为了自己生命的卑微，为了自己被看不起而抱头痛哭，互相鼓励着一直到能够坚强地抬起自己的头颅。所以，在我的生命中，到今天依然拥有青春时代的朋友。

青春其实跟三个“想”有关——理想、梦想和思想。如果我们能够坚持自己的理想，追逐自己的梦想，并且探索自己独立的思想，我们的青春就开始成熟了。当我们坚持自己的理想，你就会有永不放弃的精神。这一点，我在小时候就学会了，所以我在16岁开始高考，第一年失败，第二年失败，坚持考了第三年。我的理想中，并没有北京大学，但是我最后进了北京大学，因为我坚持了自己必须上大学的理想，知道在农村没有广阔天地，也不可能大有作为。

柳传志先生追逐自己梦想的时候，已经是40岁的年龄。大多数40岁的人，都已经习惯于习惯的生活，抛弃一切去追逐梦想是不容易的，尤其在80年代那种国家体制非常顽固，个人梦想极其压抑的情况之下。但是正是因为这样的勇气，主动丢掉铁饭碗，最后柳传志创造了伟大的联想，创造了联想电脑走向世界的奇迹。人年轻的时候很容易有梦想，但是当青春消失，你还能坚持梦想，你才能把自己叫作伟大，你才能把自己叫作生命的榜样，青春的榜样。

青春跟年龄没有任何关系，有的人在16岁、20岁的时候，青春已经死亡，他对生命已经没有任何期待，也不再具有奋斗精神。有的人到了80岁以后，依然具有青春的色彩，在思考未来的生命到底应该怎么过。杨振宁教授到了82岁还结婚，那是一种什么样的青春洋溢，那是一种什么样的生命期待。有一次，我跟杨振宁教授在一起吃饭，他依然在设想，未来的20年，到底应该为社会做些什么，为教育做些什么。他正在设想成立一个杨振宁基金，为中国学生到美国读书提供资金上的帮助。生命不息，战斗不止，这才叫作青春。所以，一个90岁的老头，依然拥有青春。

青春就是拥有热情，相信未来。中国诗人食指所写的一首诗，就叫《相信未来》，最后一段是这么写的：

朋友，坚定地相信未来吧，
相信不屈不挠的努力，
相信战胜死亡的年轻，
相信未来，热爱生命！

上篇

写给自己

CHAPTER 1

第 1 章

我不是成东青，我是俞敏洪

电影很精彩，现实更残酷

2013 年 5 月，一部《中国合伙人》让更多的中国年轻人了解了新东方。很多人都以为电影中的成东青就是我。然而，正如一部电影无法在短短的两个小时内呈现全部的生活现实一样，一个被艺术化的电影角色也无法诠释戏外主人公的人生。

我不是成东青，我是俞敏洪。成东青所展示的个性和现实中的我大大不同，我没有他那么窝囊，也不是一个“把演讲当作自己性生活”的人。

片中成东青是农村出身的土鳖，大学两次落榜，第三次考上北大，毕业后申请前往美国继续深造，三次被拒签。他只有留在北大任教，却又因私自在外授课，被校方发现，央求悔罪仍被除名。成东青只有偷偷在肯德基办补习班，其独特的自嘲教学法，却渐渐吸引了不少学生。随后他同孟晓骏和王阳创办了“新梦想”外语培训学校，成为众多学子口中的“留学教父”。

我的故事是这样的。

在两次高考失利后，我于1980年考入北京大学西方语言文学系，期间患病休学一年，毕业后留校担任北京大学英语老师。1991年9月，我从北京大学辞职，进入民办教育领域，先后在北京市一些民办学校从事教学与管理工作。1993年11月16日，担任校长。从最初的几十个学生开始了新东方的创业过程。2001年成立新东方教育科技集团，2006年9月7日新东方教育科技集团在美国纽约证券交易所成功上市。

这些经历我与成东青是相似的，但是这期间我所经历的屈辱、孤独、失败以及创业的艰辛等等各种残酷的现实与复杂的心境是电影艺术人物无法全然表现出来的。

在《中国合伙人》中，成东青为了能追到法律系的第一美女苏梅，先是爬上电线杆制造浪漫，而后在未名湖中划船表白，没想到苏梅为了拒绝他，跳入湖中并患上了肺炎。成东青在探望的时候染上了肺结核，休学一年。苏梅随后也拿到签证前往美国继续深造并留在美国，成东青创办“新梦想”英语培训学校后一直未婚，把“性生活奉献给了演讲”。

而回顾我的感情生活，却要惨得多。在5年的大学生活中，我没有谈过恋爱。北大5年，没有一个女孩子爱我。我们班最丑的女生都收到过情书，那就是我写的。直到大学毕业后一年，我才开始第一次恋爱，认识了我现在的妻子，妻子的唠叨也是我弃教从商的一个因素。我的一些朋友挣到了更多的钱，我妻子希望我也能更成功。她觉得，与他们相比，我是个失败者。

上世纪80年代末，出国潮最热的时候，成东青和哥们儿都希望在大学毕业后前往美国读书，孟晓骏毫无意外地顺利拿到签证，农村出身的成东青则被拒签，“美国人民暂时不需要你”。随后的几年，成东青又两次被美国拒签。

现实情况是，我在北大本科毕业后，就被多所美国大学录取，但没有一所给我提供奖学金。我没有那么多钱。如果有人给我奖学金，学什么我都愿意，学宗教也行。我为了攒足去美国读书的钱，才在业余时间当家教，最后建立新东方英语培训学校。

电影很精彩，现实更残酷。不管我和电影中的成东青有多少异同，我们身上有一些共同的特质：自强不息、积极上进、拥有梦想，不管生活多么艰难都一如既往充满希望。

电影中成东青曾经说过一句话：梦想是让你一直坚持、觉得特别幸福的事儿。我觉得梦想是将来回忆时让你热泪盈眶的事儿。

无论是成东青还是我，我想我们只是千千万万个奋斗者的缩影，希望你能从成东青的故事里，从我的人生感悟中，获得不断向前不断向上的动力。

我不是传奇人物

所谓传奇人物，只是做了一般人认为自己做不了的事情。

我不是一个传奇人物。我觉得人们以及大众传媒对于传奇人物的定义不对，只要一个人做了一点点事情，就被冠以“传奇人物”的头衔。我觉得传奇人物应该指违反了物理或化学定律还在那里自由自在生活的人。

如果一个人从15层高的楼上纵身一跃掉到了地上，摔死了或摔伤了，就不是传奇人物；如果他飞起来了，或者轻松落地，就是传奇人物。我见过很多被封为传奇人物的人，没有觉得他们有什么传奇的地方。很多人只是认认真真比别人多做了一点事情，或者做事的方式独特了一些，就被叫作传奇人物了。其实，他们只是比常人更加努力和用心一点，做出了一般人认为自己做不了的事情。

也有很多媒体称我为传奇人物，我听了觉得好笑，因为我觉得自己再普通不过，甚至觉得自己很笨，因为我从小到大成绩都很一般。做成新东方也是慢慢磨出来的。因为大脑不够用，只能一心一意做一件事情，所以新东方就起来了。新东方也没有太多的创意，只是认认真真地教学生，学生就来了。我自己很普通，1 岁到 18 岁在农村，农活干得不错；18 岁到北大学习；30 岁从北大辞职，随后成立了新东方学校，然后就一直干到今天。和大家一样，每天吃三顿饭，晚上也睡觉。不同的是可能很多人干一件事久了就烦了，我不烦，我干一件事干得越久越来劲，所以到今天，我还在对学生不亦乐乎地重复昨天的故事。

我从来没有当过冠军

我的体育成绩不太好，尤其是我年轻的时候，任何一项体育运动我都没有得过名次，从跑步到乒乓球到篮球。现在我有一些体育运动方面的爱好，但只是爱好而已，从来不和别人比赛。我喜欢骑马，而且骑得相当不错，可以和草原牧民在一块儿跑。我喜欢滑雪，不仅会滑双板，而且会滑单板。我的单板是在 42 岁开始学的，三年后就滑得相当不错了。

我身上有挑战的勇气，但是从来没有把事情做到过第一名。不单在体育上我没有得过第一名，在学习上我也没有得过第一。我从小学到中学一般能混到 20 名左右，算是班内的中等水平，但是北大毕业的时候，我是全班倒数第五，这是一个悲催的结局。

我也得过奖状，是在小学、初中和高中的时候，得的奖状都是千篇一律的称号——“劳动能手”。我在 14 岁时就获得了“插秧能手”的荣誉称号，后来又获得了“优秀手扶拖拉机手”的称号。

我更倾向于把冠军定义为一种精神状态。只有具备冠军的精神状态，我们才能像冠军一样走路，像冠军一样昂起头挺起胸，一辈子都雄赳赳气昂昂。我认为能否对得起自己的一辈子，是一个你到底有没有勇气继续走下去的问题：有没有勇气在别人讽刺你、打击你的时候走下去；有没有勇气在整个社会都看不起你的时候依然走下去。在你走下去的同时，有没有一个目标值得你去迎接挑战，值得你去闯荡，值得你去攀登。归根到底，冠军精神是一种永不言败的精神。

当你站在失败者的累累尸骨面前，依然不愿意低头；当你摔倒了一万次，在一万零一次的时候你还要倔强地爬起来——你就是冠军！

当你以一种平和的心态朝着一个目标持久地做一件事情，就会感到你心也宽了，地也宽了，天也宽了。各个领域都有冠军，像陈景润、聂卫平都在自己的领域成了冠军。很多企业家，不管是李彦宏还是马云，不管是牛根生还是江南春，他们在自己的领域也都是冠军。很多文学家，不管是贾平凹还是陈忠实，当他们写出一部受欢迎的深刻作品，他们就是冠军。而不管是钱钟书还是朱光潜，他们也都是冠军。

从历史的角度来说，任何一个冠军在未来都有可能被人超越，任何人跑出的速度在未来都有可能被另外一个人超越。但是，任何一个人的精神是另外一个人不可能取代的。每个人的精神都是一种人格、一种特质、一种勇气。当你拥有这种精神，这个世界上就一定会有你的位置和地盘，或者说一定会有你前进的方向。

我觉得这就是冠军！

我的钱打算怎么花

常常有人问我："新东方上市之后，你的那些钱怎么办？"

首先，我不算很有钱。其次，我还在拼命多赚钱，这就是我现在拼命做新东方的原因之一。如果股票真的可以变成现金，我一定要给这些钱一个说法，这样我才能给我的生命一个很好的交代。交代可以多种多样，可以给自己买游艇，可以留给子女，交完国家的税后，个人的钱怎么使用都无可厚非。但是重要的是意义，这是北大人的臭毛病，有了钱也不敢说钱，花钱也要寻找意义，因而花钱也不轻松。

当然，我也有自己轻松的花钱方式。第一，我要走遍世界，坐着飞机的经济舱也行，徒步旅行也行，但绝对不是奢华的旅行。还有就是要买很多书，有一所合适的房子可以装这些书，让自己年老的时候看到这些书觉得很满足。还希望给自己的孩子留下足够的学费和一段时间的生活费。这是我给自己的第一个交代。

我的第二个交代也是现在正在做的，就是每年能支持一些贫困的大学生完成学业，帮他们交学费。我定了一个10年计划，并且钱已经交给了团中央，因为我自己找不到一千个学生。刚好团中央有一个“中国大学生五四奖励基金”，我就把钱捐给它了。我的要求就是每年拿到受捐助的学生名单，这样我就可以打电话确认钱有没有给学生。

第三个交代是我自己一生的梦想——办一所私立大学。我的目标是慢慢做，采用的模式是世界上已被证实的私立大学模式，即基金会管理的模式。我把剩下来的钱捐到私立大学基金会，然后进行资本运作，让钱越来越多，用这个钱去帮贫困学生付学费，去邀请世界级的好教授。这样能让学生真正享受到良好的、免费的教育。如果将来我真有这样的机会，希望能成就一所优秀的私立大学。中国未来的历史，尤其是教育历史，如果没有私立大学这一环，会是非常遗憾的。虽然公立大学如北大、清华已经是世界顶级大学，但我觉得这还不够。而且，像北大、清华这样的大学，如果竞争对手仅仅是公立大学，还缺乏一些挑战。私立大学会像狼一样跟在北大、清华后面，把它们的发展速度提起来。

我这辈子不一定能完成这样的使命，但是只要有理想，去为这一理想而奋斗，我的生命就会有意义。结果不一定是最重要的，曾国藩的那句话我非常认同，他说“只问耕耘，不问收获”。

这就是我的归宿。

成功带给人的是虚幻

常常有人问我关于成功的问题。

我从来不认为我是成功的，所以我通常不太愿意讲成功。如果说我取得了成功，也仅仅是因为我在某一点上取得了一点成绩而已。说任何一个活着的人成功都有些言之过早。原因很简单，任何一个活着的人，他的生命还要继续，他的未来没有任何人可以预料到。再坚强的人，也无法预料未来他的精神是不是会有崩溃的一天；再脆弱的人，也无法预料他是不是会有变得坚强的一天。有不少人曾被媒体赞扬吹捧，最后却突然遭媒体曝光诸多负面新闻；有不少人曾受到历史的质疑，但最后被证明是真正的英雄。

所以，对我们来说，成功很简单，就是不断地向前走。

有一次，我在耶鲁大学的校园里看到一个学生的T-shirt背后用大大的红色字写了一句话叫“Success is Never Final”，就是说成功无止境。曹雪芹是成功的，因为不管哪个时代都会承认他是中国历史上最伟大的文学家之一；牛顿是成功的，因为不管哪个国家都会承认牛顿是人类历史上最伟大的科学家之一。这些人死了以后盖棺论定了，可以去论成功。这就是活着的人不能讲成功的原因。

常常有人说："俞老师，你做新东方是成功的。"我说："错了，新东方是每天都在做事情，而且努力把事情做好，但是不能叫成功。"

举一个简单的例子：对于一个老百姓来说，买一斤猪肉，和家人分享一顿简单的晚餐，也许这就是成功。但对成为社会公众关注的人来说，成功和失败都得由社会去评价，这对我来说是非常巨大的压力。人们不断夸奖你是成功者，但这成功的背后可能预示着一个大大的失败。比如新东方成了一个教育集团，每年培训200多万学生，还成了美国证券交易所最好的上市公司，哈佛大学还把新东方的事例做成了MBA教学案例，所有这些表面上看都是成功的。但这一切的背后，我面对的压力和社会对我提出的要求是非同一般的。现在大部分人都在用赞扬的口吻说新东方，但是如果有一天新东方倒闭了呢，突然没有了呢？哈佛大学的案例肯定还在，只不过变成了"新东方是怎么做倒闭的"，继续供大家研究。

我在这个位置上，任何一个失败，都可能被无限放大，任何一个成功也可能被无限放大，因此它就不再真实。面对不真实的东西，作为当事人，我就一定要有冷静和充分的认识。如果我真人模狗样地把自己当成功人士我就完蛋了。一定要把自己看成一个普通人。理由非常简单，我考虑到了新东方失败的那一天，或者说我被社会当作反面教材的那一天，我能用什么样的心态来面对这样的现实，实际上这就体现了我有没有冠军的素质。

我觉得经历了这么多事情，我应该拥有这样的素质。如果那一天到了，我会怎么样，我其实不知道，但是我现在有这样的心态做这样的准备。如果新东方倒闭了，我还会来继续为大家讲述新东方的故事，只不过讲的题目换成"我是如何把新东方做没了的"。这个话题对大家的教益应该要大得多。

只有从失败中、从错误中人们才能得到真正的经验和教训，成功带来的只是一种被包裹的虚幻。一件事做得很顺利并不能叫作成功；如果面对一大堆失败的尸骨，你还敢挺胸昂头向前走，这才叫成功。所以，大家要记住，成功是没有止境的。

目前整个社会对成功的看法是很浅薄的。当人们有钱的时候，没有人会问这个钱是怎么来的，只会觉得有钱就是成功，所以富豪榜出来后，如果你在榜上，人们或多或少会认为你这个人很厉害。财富从某种意义上说只是衡量成功的标准之一，但它不是一个绝对的标准。假如我们都以财富作为成功的标准，未来就可能会迷失在钱眼里，丢了自己的灵魂和精神。

名声也经常被当作成功的标准。

一个人有名就算成功，这个观念在年青一代中尤为普遍。很多学生把超男超女视为偶像和成功人士，尽管我不反对娱乐活动，但是把超男超女捧成成功人士，也许会把这些年轻的平民偶像毁掉！如果视名声为成功的标准，会对年轻人产生不太好的影响。当一个人的名声被无限放大，年轻人会以为只要攫取名声就算取得了成功。

做官也是被人们用来判断成功与否的标准之一。

中国是一个官本位的社会，所以有很多人认为当官就是成功。当官以后，权、钱全有了，所以就是成功。但是，当官以后如果没有正确的价值观引导，没有对精神、灵魂的尊重，就会出问题。很多当官的最后就走到了枪口下，或在高墙里了却余生。这些人在大学的时候其实都是学生精英。为什么很多学生领袖到了官场以后会落得这样的下场呢？究其原因，就是因为对成功的概念理解得太狭隘，并沉醉其中，不能自拔。

聪明人的笨功夫

在我的心目中，成功分成两种状态。一种叫作临时成功，就是短期成功，有钱有名，但未来可能还会变得没钱没名，就像运动员第一次得了冠军就不再锻炼是不可能第二次夺冠一样。我们在日常生活中也是这样的，你要是有持久的理念和持久的价值观，并且能够坚持下去，你的事业可能就会做得更好，你也能获得另一种状态的成功——长久的成功。

我做事情的时候会对自己有一个要求：要做对自己有好处对别人也有好处的事情。别人并不仅仅指我的家人，也指整个社会中的成员。有了这个前提我就不会在遇到对自己有好处的事情时就拼命干，我一定会有更多的考虑因素。对于正确的价值体系，我要时时遵循，而不仅仅停留在口头上。

有了正确的理念和价值观之后，我会抱着坚韧不拔的态度去实践，迟早会成功。

我觉得自己的经历得益于我在农村的生活。我生命中的前 18 年完全是在农村度过的，农村人有习惯性的坚忍精神。同时，我也得益于我不太聪明的头脑。我脑子的运转速度相对来说比较慢，当然不能算低智商，但也不能算高智商。

很多人都认为我的记忆水平很好，能记住三四万个英文单词，能把《英汉双解词典》背下来，目前为止应该还有两万个左右的英语单词在我头脑中，但那是我跟时间搏斗的结果。我花了整整四年的时间坚韧不拔地背，墙上到处帖的都是单词。当你不够聪明，你要做的就是如何用时间换取你的智慧和才能。有的时候，人与人之间是有差别的，别人在一个星期内能把一本书背完，你可能需要两到三个星期。这里有记忆能力上的差别，也有智商的差别。但是我所看到的成功人士，往往不是聪明到极点的人，他们其实是付出了比常人更多的努力才取得了成功。绝顶聪明的人我们周围也有，他们不需要付出太多努力就能取得不错的成绩，比如他们在期末考试前几天临时抱佛脚看看书就能考第一名。但是毕业后步入社会，成功靠的绝对不仅仅是你的智商，而是你对社会的理解、对人生的感悟和对困难的坚韧不拔的态度。而这一切对那些绝顶聪明的、习惯了凡事都轻而易举完成的人来说，反而很难了。

这种轻而易举得到的心态会造成大家进入社会面对挫折的时候，产生畏难情绪，不敢闯荡了。很多聪明的学生毕业后，往往会凭自己的聪明谋一份相对比较安稳的职位。因此，大部分聪明人最后都成了白领或者金领。

有同学问："俞老师，你怎么就做成了呢？"

北大还有一位做上市公司的校友，他就是百度的李彦宏。他现在是新东方的董事，也是我的朋友。有一次我问他："你是不是上学的时候特聪明？"他说他在北大的时候，甚至在高考的时候，一直都没有进过前五名。

后来，我们分析了一下，发现北大的很多相对比较笨的人，后来做事情成功的可能性反而更大，这些笨人只能拼命地学，学到最后他们的韧劲就出来了，吃苦就变成了一种习惯。

我是北大二流毕业生

北大一直是我的心灵家园。每到春秋两季的雨天，我一定会开车到北大，在未名湖边坐上一两个小时。学生年代我在未名湖畔孤独地转过几千圈，却没有邂逅过一个雨中佳人，所以当我看到北大学生成双成对从我身旁经过，就有一种欣慰感。还有，新东方的办公地点最后选择了中关村最核心的那栋楼，就是为了有时候能看北大一眼，看博雅塔一眼。有关北大的种种美好在我心中都留下了不可磨灭的印象。我们这一辈人当时都是背着诗歌长大的，对生命充满了诗意的渴望。

我从小学到高中从来没有进过班级前20名。我背课文背得慢，但背得慢的好处是忘得也慢。到期末考试的时候，我的同学都要重新背课文，我就不用背，因为每篇课文我都能立马背出来。在记忆学上有一个原则，速度与遗忘成正比。一篇课文你如果一天背出来了，一个星期后一定会忘记；但是你如果一个星期背出来，可能一年以后才会忘记。

但实际上，我在北大一直挺自卑的，从进北大到出北大的11年间，我一直生活在自卑里。直到离开北大以后，我才发现，北大是我自卑的原因。

但是自卑也有好处，在自卑中我学会了两个本领。第一个是察言观色的能力，自卑就要看人脸色，因为我不相信自己，总要揣摩别人是怎么想的，因此看到别人的眼神、动作，我就会琢磨他的心理状态是什么。后来我发现，这个用在管理中非常有效，管理中就得揣摩员工想要什么，要揣摩与员工的关系怎么发展。这是在北大11年的自卑给我带来的第一个本领。第二个本领是练就了不把自己当人看的心态。就是因为自卑，所以有了这种坦然的心态。到最后就算我做成事情了，也不会太出格。人最怕的就是飞起来的感觉，你太把自己当人看了，动不动就会得罪人，动不动就会瞧不起周围的人，有的时候一不小心就会做出格的事情。

从北大毕业的时候，我的成绩并不好。毕业以后，我们那一代人不需要担心工作，都是国家分配，只要你能毕业，成绩再差，国家也一定会给你分配工作。当时我期待离开北大，因为在北大从来没好过，同学从来没有重视过我，也找不到对象。我不离开北大肯定是不行的，所以我一心一意想要离开北大。我填的工作志愿全都是北大以外的单位，但是最后我被北大留了下来。为什么呢？原来成绩好的同学都去了外交部、新华社、中国日报社那样的好单位。当时北大刚启动四、六级考试的公共英语培训，从本来只有英语系的人要学英语扩展到全北大的每一个学生都要学英语。北大英语老师的缺口很大，最后凡是外面找不到工作的通通留下来在北大当老师，结果我就被留下来了。不过这也是老天安排，如果不被留下来，就没有了我后来做老师的职业生涯，也就没有了新东方的今天。

我留北大的时候心里就比较郁闷，因为同学们找的工作都比我好，但是我也没有气馁。我这个人有一个特大的优点，就是不管是自卑状态也好，成绩差也好，被人瞧不起也好，我从来不气馁，一直在默默地努力。而且我心中总有一股韧劲，这股韧劲也许来自我小时候的经历。我经历过各种各样的困境，比如小时候家里没饭吃啃点野菜也能吃饱。这样的经历，让我觉得总能渡过难关的。

我讲这些陈年旧事是为了说明一个道理：当你有一种坚韧不拔的精神，当你为了一个目标愿意慢慢去努力，用时间去争取自己的未来，往往最后你取得的成就比那些跑得快的人还要多。

有时候，越让你着急的事情可能越是大事；越是大事，你越着急越做不好。因此，你要慢慢地做，把事情做细致了，这样才可能把事情做完美。既然人生不是百米冲刺，那就不能用百米冲刺的速度去跑，也不能用马拉松的速度去跑。我跑过马拉松，但是我没有跑完过，因为跑到最后跑不动了。但我很喜欢徒步，身上背着十几公斤的包，每天徒步走几十公里。脚上磨出泡了也没有问题，慢慢走嘛。实在累了，就歇一歇，看看周围的风景，目标不变就可以了。这样的话，说不定你走出来的距离会远得多，看到的风景自然就比别人多了。

大学宿舍铸就了新东方的“嘲讽文化”

经常有年轻人会问我：“俞老师，你说不追求名利，只追求快乐，但是你现在却名利双收，是什么原因呢？”关于这个问题，我有一些感悟跟大家分享。

当你真正专注于金钱的时候，金钱不一定会来到你身边。新东方之所以能够成功，完全是靠我交到的朋友帮忙，绝对不是我一个人努力的结果。

真正的朋友，一定是在价值体系、兴趣爱好方面跟我相投或者是能让我学习的人。虽然我没什么本领，但是我交到的朋友都是水平比我高的人，从这些朋友身上，我可以学到很多东西。新东方真正开始腾飞是在我搭建了一个新东方的基础之后，把国外的一批朋友邀请回来的结果。而这一批朋友，大部分都是我在北大时认识的。在北大时我学习成绩不好，所以一般不是以领导者的身份去与人交朋友，而是以请教者和学生的身份，即用一种谦卑的态度去接近别人。只要你不提太过分的要求，别人都愿意接纳你进入他们的圈子，所以我就进入了一些人的圈子。新东方的另三位创始人中，王强是我当时班上的班长和团支书，徐小平是我当时西方音乐史的老师，包凡一尽管不是什么班干部，但睡在我的上铺。

我为什么与他们交朋友？

首先，这三位人品很好，这是前提。其次，他们三位在某一领域都比我强。比如王强在很多方面天分都很高，模仿能力强，说中英文的水平极高，在北大广播站当了四年站长。这些我都学不来。但我学到了他的读书劲头。他在北大时把自己的生活费一分为二，一半用来买饭菜票，一半买书。就算他把饭菜票全都用光了，他也不会动用买书的钱。如果实在没有饭菜票，他就借，借不到他就“偷”。我觉得这种精神值得我学习。我当时拿国家的助学金，每个月 22 元。我也把钱分为两半，11 元用来吃饭，11 元用来买书。我不大懂得买书，所以当时就跟着王强，他买什么书我就跟着买，从此养成了买书读书的习惯。

包凡一跟我一个宿舍，我从他身上学到了最重要的东西，完全是塑造我人格的东西。包凡一是极具自我批判精神的人。他的父亲是浙江大学的中国古代文学教授，所以他的古文是非常好的。据他自己说，5 岁就能把《离骚》背下来，8 岁就能通读《金瓶梅》。一个 8 岁通读《金瓶梅》的人到了 18 岁一定就把人生看穿了，有了 40 岁人的自我批判精神。包凡一是一个能把自己生理上和心理上的缺陷全部暴露在你面前然后让你审视的人，这需要极大的勇气。但是全都摆出来后，他自己反而没有心理负担了。反正你们想说我的也没法说了，我就是这样一个人，我就这样在你面前，我就是这样真实。但问题是，我们这群人才刚刚成年，而他 8 岁就成年了，所以对我们来说心理上有不可承受之重。我们很想维护自己的面子，想让别人说自己的好处和优点，但他能把你的缺点和心里的阴暗面全部揪出来，把你弄得没有藏身之地，所以我们就极其痛苦，一痛苦就反击，于是我们宿舍就形成了互相打击、互相讽刺甚至互相侮辱的风气。到最后，大家觉得互相攻击没劲了，于是就自我侮辱，你说你是猪，我说我连猪都不如。结果我们宿舍四年就一直在互相批判中度过。

新东方有一个特别有名的文化，就是批判文化和嘲讽文化。新东方开任何会议都是不表扬的，一定是把对方的缺点和错误揪出来狠狠批判。结果，这些家伙从国外回来以后，一直到今天，我在他们眼中，从来都不是什么人物。但是我很敬重他们，因为他们在新东方创建了这么多的业绩。我们之间的互相批判是一点情面都不留的，这样做反而有好处：丑话都说在前面了，背后没有了各种风言风语，大家反而能更团结。

其实，身边有一群是朋友很好的。王强的读书精神、徐小平的思想火花、包凡一的批判精神都在我身上留下了深刻影响，塑造了我的性格。身边有值得交往的朋友可以开阔你的心胸，让你更有见识，思想更有深度。千万不能交那些只会喝酒吃肉而不能给你的生命带来意义的朋友。

我曾是个
蹩脚的诗人

我 18 岁上大学时，一开始是有很多心理不平衡的，因为自己的长相、家庭条件等跟同学差距比较大。但是我后来领悟了，在大学四年里慢慢地调整好了自己的心态。

当年，我们同学之间的攀比可能跟今天不太一样。我们当时攀比的是谁读的书多，谁在同学面前发表的观点受重视，谁写的诗多——因为当时写诗能找到女朋友。但是我比较悲惨，从诗歌的总量来说我写得很多，写了 600 多首诗，但是没有吸引到一个女孩子，也没有发表过一首诗。今天的女孩子可能会说诗人与穷人没有什么区别，诗人打动不了她们的心，而实际上现在写诗打动人心的好像也不是很多。我们班当时有一个著名诗人，现在在文学界还比较有名的，他的笔名叫“西川”，不知道大家读过他的诗歌没有。他的真名叫刘军，他当时在北大开个人诗歌朗诵会，我也去听，朗诵完了以后发现“哗啦”一下，五六十个女孩子追着他走，结果我就追着五六十个女孩子走……我是个非常蹩脚的诗人，如果我当初写诗成功了，也许就不会放弃文学了。但现在回想起来，当个蹩脚的诗人也有好的一面，为什么呢？因为终于发现自己不是那个料，所以才有了新东方的今天啊！

大学时代的努力和奋斗会使你进步，但更重要的是发现你的天分。我后来发现我的天分是做培训。有时候，你喜欢做的事情并不能让你成功。我到今天还是很喜欢文学，但我只把它当作我的业余爱好，不靠它谋生。如果我靠它谋生，可能早就饿死了。

不管你是想创业，还是想成为一个政治家，或是想要在任何事业中取得成功，除了拥有天分之外，你还需要具备很多重要的东西。如果你没有天分，那么这些东西就显得更加重要。它们是我们的韧性、耐心、勤奋、持之以恒的精神。我在经过一些事情后发现，持之以恒比天分还要重要，坚持到底就是胜利。

CHAPTER 2

第 2 章

我爱的人和爱我的人

我的父亲母亲，是我生命的根基

我的父亲

我小时候，很多丰富多彩的生活经历都和我的父亲联系在一起。

父亲是个木匠，在家乡一带小有名气。但父亲不是那种能够做精细家具的木匠，而是在人家造房子时帮忙架大梁的木匠。方圆10里之内，只要有人家造房子，一般都会请他去帮忙。没有人造房子，闲在家里的时候，父亲也会做一些家具拿到市场去卖，比如八仙桌、椅子、凳子等。但他生性粗放，做不了细心的活，所以这些东西就做得很不上眼，拿到市场上也卖不出好价钱，有时卖不掉就干脆送给别人。而别人买去的东西经常过几天又被送到我家来修理。所以在我的印象中，父亲用在修家具上的时间比用在做家具上的时间还要多，但他依然乐在其中。每次他做家具，我就在边上，名曰帮忙其实捣乱，但也在不知不觉中学会了用刨子、凿子、锯子等工具。八九岁的时候我就开始自己做小凳子，尽管小凳子一坐就散架，却依然充满了成就感。我现在动手能力较强，和小时候玩这些工具有很大的关系。

父亲是个酒鬼。

父亲常常帮助别人造房子，喝酒就成了免不了的事情。他的酒量并不大，所以比较容易喝醉。喝醉以后一高兴，常常就连工钱都不要了。有一次他和徒弟都喝醉了，在回家的路上走过一片稻田，把稻田踩得一塌糊涂，然后回家倒头就睡，第二天早上醒来，完全不记得昨晚发生的事情，看到一大片稻田被踩成那样，心疼得在田头大骂哪个龟孙子把稻子踩成这样！父亲喝酒上瘾，最困难的时候家里没钱买酒，父亲就把我姐医务室的医用酒精偷出来，兑上水喝。我姐当时是农村赤脚医生，所以就有了这个便利。父亲出去打工常带上我，因此我很小就学会了喝酒，后来居然喝出了不错的酒量。小时候让我记忆最深的有两件事，一是父亲有早上上街喝早酒的习惯，有时还会带上我，几毛钱一壶酒两个鸡头，我们爷俩就坐在街边上，一边喝酒一边看着来往的行人。到今天我落下了两个癖好，一是喜欢吃鸡头，二是喜欢在大街边上的饭馆一边喝酒一边看来往的行人。还有一件事是有一次过春节时我父亲带我走亲戚，结果我喝醉了去爬树，又从树上掉到了河里，差点淹死，为这事我的父母闹翻了，还持续了很长一段时间。

父亲喜欢抓鱼摸虾。

我的家乡江阴地处长江三角洲，是个河道纵横的地方。我家的屋后面就有一条小河。有时候家里没有了下饭的菜，父亲就会扑通一声跳到河里，不一会儿就手抓两只螃蟹上来了。别人下去怎么也抓不着，他下去准能抓上来，让我佩服得不行。到秋天河水落了，上游也断了水流，父亲就会在小河的两头筑上两道坝，然后用水桶把水一桶桶舀到坝外，最后把河里的鱼虾、螃蟹、泥鳅、黄鳝抓得一干二净。这一天常常是全村小朋友的节日，所有的小朋友都和我一起投入战斗，弄得浑身是泥，最后大家都能分几斤河鲜回去。前几年回去，发现那条小河被填平了，河床上盖起了一片厂房，我为此惋惜了很长时间。

在我的记忆里，父亲从来没有打过我。他对所有的人都很宽厚，尽管力气很大，却从来不跟别人吵架和计较，总是喝着酒悠闲地过自己的日子。后来我读了大学，每年暑假回去的时候，他依然会下河摸一筐鱼虾，然后我们就坐在屋檐下，一边喝酒一边闲聊。我工作后领到工资的第一件事，就是买了一瓶酒给他带回去，让他高兴了好几个月，只可惜我现在忘了当初买的是什么牌子。父亲于1991年11月去世，去世那天还喝着酒，突然就脑出血发作，送到医院已经不行了。那时候我在北京，听到消息就连夜往回赶，但还是没赶上，回家只见到了安静地躺在灵床上的父亲。妈妈告诉我，父亲在去世前嘴里一直喊着我小名的第一个字，直到去世。第二天天空飘起了大雪，我哭了整整一天，这是我记忆中哭的时间最长的一次，哭到嗓子完全讲不出话来。

我的母亲

我从小就知道生活的艰辛和不易，知道人需要坚毅和努力，这要归功于我的母亲。

母亲总共生了三个孩子，我上面有一个姐姐和一个哥哥。但我哥哥在四岁的时候得了肺炎，我外婆迷信，说是被鬼相了，不让送医院，结果最后一刻送到医院时肺都烧黑了，医生说来晚了一个小时，只能眼睁睁地看着我哥哥离开这个世界。母亲撕心裂肺地哭了很长时间，回头把全部的爱都倾注到了我身上。我小时候很不争气，同时得了哮喘病和肝炎，把我父母弄得提心吊胆了很多年，最后总算活了下来。小时候我能记得的第一件事情就是天天打针，每天因为打针我像杀猪一样地哭。我母亲被我哥哥的死弄得胆战心惊，只要我有一点毛病就送我去打针。我姐比我大5岁，高中毕业后当了赤脚医生。这事和我有很密切的关系，因为我姐当了医生，给我打针就方便了。

母亲是个个性很刚强的女人。

母亲有兄弟姐妹8个，因此我有6个舅舅和一个姨妈，从我记事起我的这些舅舅和姨妈就很听母亲的话。谁家要有了问题，只要母亲一出面，她怎样决断大家就怎样做，从来没有人反对，不是因为她凶，而是因为她的威望高。据说在母亲很小的时候，她的这些哥哥姐姐们就都听她的指挥。母亲是我们生产队的妇女队长，生产队的工作没有她的决策就几乎没法进行下去。她公正无私，做事情带头吃苦，所以威望极高。

我记忆中的两件事情能说明母亲是个极好的人，一是有一次突然下大雨，家家户户场上晒着粮食，母亲带领全家拼命帮助人家把粮食往回搬，结果自己家的粮食被淋了个透湿。还有一件事情是每当村上有人家断了炊，母亲一定是第一个把自己家剩下的粮食分出一半送过去的人，所以整个村庄都佩服她，听她的调遣也就成了很自然的事情。

现在老太太已经快80了，在北京已经住了十几年，但只要一回到村上，大家就会很自然地把村上搁置下来的事情交给她来决断。从我记事起，我家的事情就都由母亲说了算，父亲落得什么都不管，自己喝酒快活，所以养成了什么都无所谓的宽厚个性。

尽管母亲很爱我，但却从来没有宠过我。

她也许是太了解生活的艰难了，所以从小就训练我面对生活的勇气。我从小就在农田里干活，插秧、割稻、撒猪粪，样样都干，从来没有过被娇宠的感觉。父母下地干活，我就在家做饭、炒菜、洗衣服，到现在我还保留着自己做饭洗衣服的习惯。每天放学回家，我就忙着割草、喂猪、放羊，一年里的几头猪几只羊，是全家能够换点钱过年的唯一保证。

有一年冬天下雪，家里没有草喂猪喂羊，母亲让我拎着篮子到野地里把雪拨开，把雪底下的青草一棵棵割起来。我割了整整一天，冻得半死，但却收获了满满两大篮子的青草。这一天成了我童年里最艰苦也最美好的记忆之一。

在我的记忆中，母亲几乎没有打过我。她根本不需要打我，只要看我两眼，我就知道自己必须加倍努力，否则事情会很严重，所以我的勤奋很大程度上是被她逼出来的。如果没有我的母亲，我肯定到不了今天这个地步。

母亲唯一一次打我是因为一双凉鞋。农村孩子从小赤脚，很少穿鞋。大概在我八岁的时候，母亲用她攒了很久的几块钱，一狠心给我买了一双崭新的凉鞋。我穿上后那个高兴啊，一路就向小朋友们炫耀，然后又和他们一起到河里游泳，游完泳就赤着脚回了家，完全忘了凉鞋的事。回家后母亲一眼就看到我脚上没有凉鞋，马上和我一起去河边找，哪里还有凉鞋的影子。母亲那个气啊，揪住我一顿臭打，把一根竹竿都打断了。刚打完，别人就把捡到的凉鞋送来了。晚上我疼得屁股都坐不下去，母亲又抱着我哭了一夜。

我后来能够上大学，能够成为老师，也是因为母亲。

从小母亲就说在农村一辈子太苦了，能够当个先生最好。农村人嘴里的先生就是老师的意思，所以我从小被母亲念叨得对老师这个职业充满了憧憬，因此不管怎样被老师折磨，都认为老师是神圣不可侵犯的崇高人物。还好我从小就喜欢读书，尽管上学成绩不好，但从不厌学。高中毕业时的1978年，中国迎来了全国第一次高考统考，我也参加了考试。结果自然是一败涂地，英语才考了33分。回到农村种地，我死心了母亲不死心。听说家乡的一所初中缺英语老师，她就拼命到校长家走关系，说我高考考的就是英语，英语水平很好，硬是把我塞进学校去当了代课老师。那一年我16岁，英语是勉强能背完26个字母的水平，哪里能够教学生。但农村的初一似乎怎么教都行，学生还很喜欢我。从当代课老师开始，我决定第二次参加高考，结果又落榜了。之所以决定考第三次，也是母亲起了重要作用。我本来都打算放弃高考了，但母亲听说县政府正在办一个高考外语补习班，就拼命在城里请人帮忙让我进去。她一个农村妇女，在城里哪有什么关系啊，可她硬是找到了补习班的班主任老师，把老师感动得不得不收下了我。母亲从城里回来那天晚上，刚好下着大暴雨，路上她摔进沟里好几次。我在家里等着母亲，一看到她浑身泥水雨水，成了个落汤鸡的模样，立刻就明白这一次只有一条路了。拼命了一年，我终于走进了北京大学。在我拿到录取通知书之后，母亲一高兴，把家里的两头猪都给宰了，让全村人足足吃了两天。

开办新东方以后，我经济上宽裕了一些，就把母亲接来了北京。老太太闲不住，经常会到新东方来转转，结果新东方所有的人都开始跟她熟识起来。她也总是这样那样热心地帮助别人排忧解难，因此赢得了很多人的敬重，大家都热情地叫她阿婆。

我从父亲那里学到了宽厚，学到了退一步海阔天高的态度，又从母亲那里继承了坚韧不拔、绝不放弃的精神。父母成就了我的个性，我的个性中融入了父母的优点，他们个性中的矛盾也结合到了我身上。今天我做事的风格和为人处世的态度，几乎每一点都能够从我的父母身上找到根源。

在这个世界上，总有人需要你

在这个世界上，总有人需要你，就像你永远需要别人一样。

有个人想知道天堂和地狱到底有什么区别，请求上帝向他解释清楚，上帝一言不发，带他去参观天堂和地狱。他吃惊地发现天堂和地狱看上去一模一样，都有阳光和微风，都有绿树和草坪。不同的是在这两个地方生活的人。天堂里的人一个个健康快乐、相互关爱，脸上洋溢着幸福的笑容，而地狱里的人一个个面黄肌瘦、互相厮打，眼中流露出的都是贪婪和仇恨。于是他问上帝，天堂和地狱里的人为什么如此不同。上帝带他去了天堂和地狱的餐厅，结果餐厅也是一模一样——设施一样，饭菜一样。不管是在天堂还是地狱，每个人都用一把比自己的胳膊长得多的勺子吃饭，而且手必须握着勺子的最远端，因为勺子太长了，所以没有人能自己喂自己吃饭。天堂里的人互相帮助，把勺子里的饭菜喂到对方的嘴里去，因此每个人都吃得饱饱的；而地狱中的人只想往自己的嘴巴里喂饭，结果由于勺子太长吃不到，所以饿得皮包骨头、痛苦不堪。

其实，天堂和地狱的区别并没有我们想象的那么大。我们不需要等到死后再决定是去天堂还是去地狱。其实，我们每一天都面临着天堂和地狱的选择。当我们选择和别人和睦相处、互相帮助、精诚合作时，生活就变成了天堂；当我们选择贪婪、掠夺、霸道和自私时，生活就变成了地狱。

没有人能依靠自己的力量活一辈子。每时每刻，我们都在分享别人创造出来的各种科技和文化成果，这种分享带给我们生活上的便利和精神上的满足。当你独处时，一曲贝多芬的命运交响乐也能让你热血沸腾。有时候，人们对于使用别人的劳动成果太习以为常了，以至于经常忘了感激。当我们有痛苦和悲伤时，总希望别人能够分担和理解，但是当我们拥有财富和资源时，却总是想独自享用，在拥有的同时失去了世界上最美好的东西。

试想一下，假如你把拥有的 6 个苹果全部自己吃掉，那么你仅仅尝到了苹果的味道；但假如你把 6 个苹果分给周围的 6 个人吃，那么当他们有水果时一定也会分给你吃，也许你吃到的水果总数还是 6 个，但你吃到了橘子、李子、桃子、香蕉、葡萄和西瓜，因此你尝到了 6 种不同水果的味道，见到了 6 种不同水果的颜色。更重要的是，6 个原本素昧平生的人也许会从此变成你的朋友和合作伙伴。世界上的很多道理本来十分简单，但由于我们被自私和贪欲所蒙蔽，所以时常忘记什么是生活中最重要的东西。当我们只知道独占时，我们已经失去了整个世界。

我们总是在别人的帮助和支持下才能顺利度过此生。父母给我们挚爱，兄弟姐妹给我们亲情，同学给我们友谊，朋友给我们关怀，老师给我们知识，同事给我们帮助，家庭给我们温暖，学校给我们快乐，剧院给我们激情，球场给我们狂热，公园给我们宁静……我们在不断汲取别人给予的身体和精神营养的同时，千万别忘了把自己的智慧、思想、友情、爱心与别人分享。当别人需要你时，千万别忘了伸出你充满爱意的双手。

在这个世界上，总有人需要你，就像你永远需要别人一样。

做人就要跟着牛人跑

也许是因为天资愚笨，我总是羡慕那些比我优秀的人，追随在他们后面，还热心地为他们做事。我的优点之一就是从来不嫉妒比我优秀的人，而总是努力模仿他们，把他们作为我学习的榜样。正是这一优点成就了我的今天。

进了大学后，我发现周围的同学都很优秀，相比之下自己真是一穷二白。穷是经济上的，白是知识上的。经济上的穷不可怕，知识上的空白却让我陷入了极度的自卑中。好在我的自卑没有让我心胸狭隘，反而成了我学习的动力。在北大读书的几年，我尽管从没谈过恋爱，但却追随了不少优秀人物，公开或偷偷地从他们身上汲取精华。

做人就要跟着牛人跑，这样你会不知不觉跑得更快。

新东方的王强和徐小平都是我在北大的朋友，他们都是我在大学追随和学习的榜样。前文提到过，王强是我的读书老师，他的藏书接近6万本。到现在为止我都在不断地读书，因为每当新东方人聚会，谈论最多的就是读书，一旦哪本重要的书没有读，就会被他们说“你大学时候不用功，怎么现在还是这样”。新东方读书氛围之所以浓厚，最重要的原因就是王强，而你非常需要这样的朋友。

我认识徐小平老师的故事也挺有趣。他当时教了一门西方音乐史的选修课，我听了课之后觉得他才华横溢，很想认识他。一个星期后我敲开他家的门，他问我你是谁。我说我是你的学生，听了你的课后很感动，想来拜访你向你请教。徐小平把我让进去，进了他家门发现有一群年轻老师在那。原来他有个习惯，每到周五晚上都会招一批老师来他家聊天。我当然很想听，就问我能不能留下来听，他说不行啊，我们聊的都是些男男女女的问题，像你这样的纯情少年会被污染的。幸亏我反应快，说徐老师我在这方面刚好需要启蒙教育。在听他们聊天的过程中，我发现没有人给他们烧水，于是，我就帮他们烧水煮方便面。连续去了四个星期，到了第五个星期我不去了。为什么不去？不是因为我烦了，而是我觉得一个人在该显示重要性的时候一定要显示出来。果然徐小平一个电话过来说，你这个兔崽子怎么还不过来？我知道，这个时候不是我离不开他们，而是他们离不开我了。从此，在一年的时间里，我经常听他们聊天，他们的思想源源不断流进我的头脑。后来我做新东方，想要寻找一批志同道合的人，去北美拜访一批朋友，去的第一家就是徐小平家。我跟他说新东方不缺英语老师，但缺有思想的人物，希望你回去管理新东方的思想。后来王强、徐小平一起回到新东方，我们共同托起了新东方的一片天空。

我读过不少名人传记，也仰慕过毛泽东的天才、富兰克林的智慧、林肯的信念、卢梭的坦诚，甚至羡慕过毕加索的9次婚姻。但这些伟大人物离我们的生活实在太远了，他们远不如那些与我们朝夕相处的人对我们的影响力大。所以，要善于从生活中寻找榜样，诚心诚意地向他们学习，这样，即使不能超越他们，你也会变得更加优秀！

从三国演义到“中国合伙人”

我在读《三国演义》的时候，反复琢磨为什么曹操和刘备会成为天下枭雄。曹操是一个普通士兵，一个小官；刘备纯粹就是一个乡下人，最后他们各霸一方。如果没有曹操，刘备肯定能夺得天下；如果没有刘备，曹操肯定也能夺得天下。因为有了刘备，才有三分天下。

我觉得曹操手下之所以有一大帮伟大的人物，是因为他本身就很伟大；刘备手下也有一大帮伟大的人物，是因为刘备也很伟大。为什么曹操对关公那么好，他还要过五关斩六将，非到刘备那儿去？而曹操手下的人，也不管刘备怎么拉拢，都不到刘备手下去？通过研究曹操和刘备这两个人为什么能称霸一方的原因，我发现他们得天下的不同风格：刘备偏重人情，用人情来拉拢人。曹操用的是利益，当然也有人情。曹操有智慧，有思想，但是他用得更多的是利益和规矩。

当初，我请徐小平、王强回来与我共同创业，每人分一个领域，自己赚钱自己花，所以也就没有了利益上的冲突，人情与利益兼顾。我发现，企业要干好，要注意三大块儿，一是利益，二是权力，三是人情。但是，当时（创业之初）我是个体户，只需抓住两点，利益和人情，权力不用说，就在我手中，用好了就伟大，用不好就拉倒。

我认为好朋友一旦进入利益纠纷状态，友情就玩完了，所以他们从国外回来以后，我就选择了一个每人承包一块，个人干个人的方式，在新东方这个屋檐下一起干。就这样干了三五年，大家觉得挺不错。

我太注重友情，太注重别人的感觉，这种个性看上去是宽容，过分了就是纵容。但是我没有办法，改不了，以至于新东方的管理结构没法建立，因为管理结构最重要的就是令行禁止，说一不二，我做不到。在新东方，骨干们很容易越过规矩谈感情。

我一个人做事通常能够雷厉风行，但与一帮人做事时，要顾及这个人的面子，那个人的面子，就变得相对软弱。有些时候都是各打五十大板，你这样做也对，这样做也错，通常会使他们不知我最终的态度。在利益分配时，总想保护每个人的利益，总想给每个人特别恰当的位置。

多少次我在遇到了急速扩张带来的利益、亲情、友谊的冲突时，就开着那辆红色大发狂奔，吓坏了身边的王强。

在新东方上市之前的那些年，我始终在利益和人情中间玩中庸、找平衡，搞得筋疲力尽、狼狈不堪。我希望用严厉的美国上市公司管理规则来规范内部，以制度说话，避免前面出现的人情和利益纠葛，从而实现自身的救赎，让企业顺利发展。

新东方上市之后，创业元老一一退出管理层。有人认为，徐小平、王强、包凡一未能进入管理层是一个遗憾。但是我觉得如果他们进入管理层，那才叫遗憾。那样他们的长处就不能发挥出来，发挥的都是短处，那多没劲。

新东方上市之后，王强、徐小平等一干创业元老的淡出，换来的是更加职业化、更加专业化的经理人团队，这是超越了兄弟情谊，是更依赖于切实利益拼建起来的崭新结构。

《中国合伙人》公映的前一晚，我邀请小平、王强到家里吃饭。吃饭和电影没有关系，这是我们的常规活动。我们这几个人，要是有一段时间没见，就会互相想念，渴望在一起聊聊天、喝喝酒。和电影中的故事一样，我们几个人把新东方带上了纽交所上市公司的道路，友情和财富都有了完美的结局。上市后一切都要按照上市公司的规矩运作，而我们这帮闲云野鹤般的人物，都不是太习惯公司正规化运作带来的束缚。我作为新东方的主要代表，没有办法和小平、王强一样功成身退，只能被锁在新东方做一个职业经理人。这和我的个性十分不符，所以我曾经向媒体表达过实情，把新东方带上市一直让我很后悔。当然，我知道，现实中是没有后悔药可以吃的，新东方当时也只有上市才能摆脱面临的诸多困境。尽管上市后又有了不同的困境和麻烦，但新东方毕竟在发展的道路上不断前进了。

很多人都在猜我们三人之间现在是什么关系，其实我们依然是合伙人关系。小平成立的真格基金，为归国留学生提供创业基金支持，我们都是基金的持有者。我们也还是新东方的合伙人，因为我们都是新东方的股东，继续在为新东方的发展做出各自的努力。同时，我们更是友情的合伙人，从进北大到现在互相认识 30 多年，从同学到同事到合伙创业，我们此生注定会在一起创造很多故事，并且必将把这些故事以更加精彩的方式延续到未来。

我对待朋友的 8 字箴言

每个人的生活中都离不开朋友。一生中能有三五知己，是一件非常幸运的事。我们应该用什么样的态度对待朋友呢？我一直坚持“8 字原则”——真诚、关怀、倾听、谅解。

真诚。即使被朋友骗了，你也要保持真诚的态度，不要再反过来骗别人。如果你觉得这个人不值得打交道，最多不跟他打交道。根据我的经验，每交 10 个朋友，其中一定会有那么一两个最后有问题，但是我不会因为这两个朋友有问题，就抛弃其他的 8 个朋友。从概率上来说，我每交 10 个朋友，只有一两个人有问题，那么，我交 20 个朋友，其中就至少有 16 个是值得信赖的，真正朋友的数量永远会比不值得我再当作朋友的人数量多。因此要永远真诚地对待朋友，这样你会得到更多更真诚的回报。

关怀。关怀并不是体现在你每天请人吃饭喝酒上，这不叫关怀，叫浪费。关怀体现在各种小事、各种细节上：朋友冷了给他披上一件衣服，朋友病了给他送上一杯热水，朋友过生日给他送上一束鲜花，在朋友真正需要你的时候你总会出现，这才是真正的关怀。

倾听。倾听朋友的心声，倾听朋友的抱怨，并且理解朋友的抱怨。新东方的领导们在一起开会的时候，互相之间的批判是源源不断的，但是所有被批判的人都会坐在那儿非常友好地倾听，最后还会表示感谢。这就是新东方这个团队到今天还没有散架的原因。很多人都希望自己的心声能够有人倾听，麻烦是想说话的人太多，不加思考说话的人也太多，善于倾听的人却太少。所以，如果你变成一个善于倾听的人，就能学到更多的东西，也能够交到更多的朋友。

谅解。我们交往的任何一个人都会有自己的优点和缺点，而我们最大的弱点是看不到自己的缺点，却很容易看到对方的缺点，所以我们评判别人时常常把他们的缺点无限地放大，同时把他们的优点无限地缩小。你往往会发现，一个人跟你走得越近，缺点就越多，而优点却越少。

如果你认真地去看别人的优点，欣赏别人的优点，尽可能避开别人的缺点，同时以真正朋友的身份，以尽可能友好的态度去纠正别人的缺点，结果就会不一样。你首先承认了别人的优点，对方就会愿意倾听你对他的批判。如果你首先挑毛病，不承认别人的优点，对方绝对不会愿意倾听你的批判。所以，对朋友的缺点首先必须采取谅解的态度。在谅解的前提之下，你才能够去指出对方的缺点，而且要以真诚的态度指出来，这样两个人就会共同进步。如果相互放大对方的缺点，缩小对方的优点，朋友的路就走到头了。如果你对所有的人都采取这样的态度，你将终生不会有一个朋友，自己也会陷入孤独之中。

未来总有一个人在等你和她相遇

在北大校园的5年，同学们是爱情之花处处开，而我却是无人问津，5年来我的爱情生活是一片空白。

我遇上我的妻子是在大学毕业两年后，那时我25岁。

初秋的一天，我一个人郁闷地在校园林荫小道上散步。走着走着，突然，我那嗜背英文单词的老毛病又犯了，嘴痒痒得恨不得立刻找人当“检察官”来考考自己。在顾盼四周后，在路的拐弯处，我终于看见一个老外的身影冒了出来。我一个箭步冲过去，像见到多年未曾谋面的老朋友一般一把抓住老外的手：“你好，请考考我的英语单词好吗？”

金发碧眼的老外被这突如其来的状况吓了一跳。身后突然传来了“扑哧”一笑，我转过身去，一张清丽的面容出现在我的面前。女孩打趣道：“不用找他了，我来考考你吧……”就这样，25年来，我第一次和一个女性“亲密接触”了。

可是刚刚开窍的我根本不懂得怎么追求异性。跟踪她三个月之后，我发现她每天都会到北大的图书馆看书，她就静静地坐在那儿看书，而我静静地看着她。整整三个月我都没敢走上前一步，后来老天帮了我。

有一天北大图书馆的保险丝烧断了，灯光全都灭了。一片黑暗，大家纷纷收拾书包离开，唯独那个女孩还是坐在那儿，我知道她找不到书包了。于是掏出随身携带的打火机，伴着一丝微弱的火光我问她："同学，是不是找不到书包？"她说是，然后我们就一起找书包、聊天。一聊天才发现我们是一个系的：西方语言文学系。

后来，我觉得不能放弃这次机会，于是就敲了她宿舍的门，告诉她"我是那晚帮你找书包的人，能不能请你去划船"。她同意了。

过了两三个月，她觉得我人还不错，就做了我的女朋友，大学毕业后成为了我的妻子，直到今天。

女人的温柔和男人的能力成正比

我弃教从商的决定，在一定程度上归功于妻子没完没了的唠叨。

20世纪80年代末90年代初，正是出国潮高涨的时候。有那么一段时间，我发现周围的朋友们都失踪了，最后接到他们从海外发来的明信片，才知道他们已经登上了北美大陆。

看到他们都出国了，我依然没有生出太多的羡慕。但我这时候已经结了婚，我不和别人攀比，妻子会拿我和别人比。她能嫁给我就够为难的了，几乎是一朵鲜花插在了牛粪上。如果我太落后，她这脸面往哪里搁呀！突然有一天我听到一声大吼："如果你不走出国门，就永远别进家门！"一哆嗦后我立刻明白自己的命运将从此改变。我发现，一个女人结婚以后最大的能力是即使自己不再进步，却能对一个男人的人生成败产生重大影响。

妻子的一声吼远远超过一切的力量，从1988年开始我就被迫为了出国而努力学习。每次我挑灯夜战TOEFL和GRE的时候，她就高兴地为我煮汤倒水；每次看到我夜读《三国》，她就杏眼圆睁，一脚把我从床上踹到地上。我化压力为动力，化被动为主动，终于考过了TOEFL，又战胜了GRE，尽管分数不算很高，但毕竟可以联系美国的大学了。但美国的那些教授们个个鹰眼犀利，一下就看出来我是个滥竽充数的草包，连在太平洋一个小小岛屿上的夏威夷大学都对我不屑一顾。

没有愿意给我提供奖学金或者助学金的学校，我只能自己准备这一大笔学费。去美国至少需要十几万人民币，在那个时候这可是一笔天文数字。为了积攒求学费用，我约了几个同学一块儿出去代课。代课方式很有效，一节课30元，十节课就是300元，我的个人收入很快就涨了起来。

从1988年到1990年，我为出国先后挣扎、拼命了三年。最后，还是因为缺钱致使出国读书的梦想破灭了。第一步努力拼命想出国，没有成功；我就转了个方向继续努力，那就是我必须要让家里有钱花，这样我就可以让妻子对我的危机感往后延续一点。

当时有钱花的标志其实挺有意思的。妻子是天津人，我是江苏人，我在长江边上，她在海河边上，所以都喜欢吃鱼。我们两个都是大学里的普通老师，因为没有钱，我当时买鱼就专门买死鱼，因为死鱼只要两块钱一斤或一条，活鱼却要六七块钱。

我到外面为培训机构代课以后，由开始一二百块钱一个月，变成六七百块钱一个月。当时妻子在中央音乐学院工作，我们住在北大的宿舍里面，所以晚上一般由我负责做饭。记得有一次她下班回来以后，发现鱼汤是用活鱼做的，就很开心。那天晚上好像就成了我们生活的转折点，从此以后她开始对我变得温柔了，可能很大程度上是因为能吃到活鱼了。

我怎样才能对得起我的女儿

8 年前的一天傍晚，我正在北京召开办公会，妻子从扬州打来电话，说女儿上吐下泻，肚子疼得满地打滚。凭直觉我就知道问题很严重，因为孩子以前从来没有这样病过。老师们听说后立刻劝我坐飞机赶往扬州。我还在犹豫，因为会议由我主持，但大家已经七手八脚把我推到门外，说缺了我他们照样能够把会开完。我驱车赶到机场，希望赶上 8 点 20 分飞到南京的飞机，结果差了几分钟，只买到了 8 点半到上海的机票。我匆匆飞往上海，一路上只恨飞机飞得太慢。

飞机落地已经 10 点半。我赶快打电话给妻子问孩子的病情。她告诉我孩子是腹膜炎。腹膜炎一定是由其他更严重的病症引起的，例如阑尾穿孔，或者胰腺炎等，不过医生还没有查出来背后的病症是什么。但不管是什么病症，一定要立刻动手术，否则就有生命危险。我听了以后浑身发冷，给我认识的全部医生打了电话，问他们有没有什么好办法，他们都说没有别的办法，只能动刀子。我担心扬州的医疗技术相对落后，想把孩子转到上海治疗，却被告知时间已经不够了。

汽车在高速公路上狂奔。晚上的公路上到处都是大卡车，东倒西歪挤满了车道，我们的车只能在汽车的缝隙里穿行，从沿江高速到江阴大桥到京沪高速再到宁通高速，经过三个小时的奔波，终于在深夜一点半赶到了扬州市第一人民医院。医生还在做手术前的准备，女儿还没有被推进手术室，在病床上打着点滴。

一见到我，孩子眼泪哗哗直流，非常痛苦。我赶紧抱着她说："没事，不要害怕，有爸爸在，什么都不用怕。"而我自己心里的感觉却像掉下了悬崖一般。医生说还是没有确诊到底是什么病，只能开刀先检查再说。我在手术书上签了字，女儿被推进了手术室。我真想在手术室里陪着我女儿，但医生不允许我进去。

手术室的门在我面前重重地关上。

我们坐在手术室前的房间里等待，心在嗓子眼里打转。半个多小时后，护士出来告诉我们，病因找到了，是阑尾化脓，由于比较严重，手术时间需要长一点。凌晨4点，在两个小时的手术后，孩子被推出了手术室，由于全身轻度麻醉，还处于昏迷状态。看着孩子苍白但已经变得安详的脸，我心里的石头终于落了地。把孩子抬到病床上，给孩子接上氧气挂上点滴，我坐在床边，这么多年来第一次意识到孩子对我的生命来说是如此重要。

我欠女儿太多。

1995年她出生时，正是新东方开始蓬勃发展的时期，我很少有时间在家里，每天都是她没醒来我就出去，她睡着了我才回家。1998年她和妈妈一起到了国外，离我更远了。尽管每年我都努力多去几次国外，但几乎每次都是一个星期不到就回了国。

2003年，新东方在扬州建立了以中小学教育为主的外国语学校，我立刻和妻子商量，把她们接到国内，让孩子到新东方上学，这样我可以事业家庭两不误。没想到接回来后，我更是一头扎进了新东方的事务，见到她们的时间比在国外还要少。我在家庭和事业之间挣扎，希望能够保持两者之间的平衡，但结果还是被新东方的事务劈头盖脸地淹没。幸亏孩子很懂事，每次回家都和我很亲热，只要一听说我要回家就常常兴奋得睡不着觉。

曙光从医院的窗户里透进病房，我静静地坐着，等待着孩子从昏迷中醒来，心里充满了内疚。我一定要让她醒来的第一眼就见到我，然后告诉她，爸爸会一直陪在她身边，直到她病好；告诉她爸爸以后会挤出更多时间和她在一起，再也不会把她和妈妈孤零零撂在一边；告诉她新东方对于爸爸很重要，但她对于爸爸更重要。我会拿起她最喜欢的故事书，把一篇篇故事读给她听，跟她一起分享故事中的悲欢离合，回答她所有稀奇古怪的问题；然后我会放下书，和她一起倾听窗户外的树林中传来的一声声鸟鸣，在鸟鸣声中体会生命的互相呼应。

早上 8 点钟的阳光洒进了病房，女儿终于从昏迷中醒了过来，看到我在旁边，苍白的小脸露出了让我心疼的微笑。她看了一眼窗外的阳光，拉着我的手又安宁地睡着了。

我已经一天一夜没有睡觉了。趁着女儿睡觉的工夫，我拖着疲惫的身躯回到扬州校园的家里。推门走进书房，发现书桌上放着一张女儿制作的没有完成的卡片。走近一看，卡片左边画了一只眼睛，中间用剪刀剪了一个心的形状，空白处涂上了一圈圈红色，右边写了一个大大的 U 字，三个图案用英文解释就是 I LOVE YOU（我爱你）。在卡片的上方，女儿用粉红色的笔歪歪斜斜地写了一行英文字：Happy Father's Day（父亲节快乐）。

我一下子明白女儿是在为我制作卡片，突然想起来明天就是父亲节，而我女儿是在制作这张卡片的时候发病被送到医院的。我呆立在房间里，凝视着这张卡片，眼里充满了泪水，浑身不由自主地颤抖起来。

我们能够感受温暖，是因为有人愿意付出

我们内心渴望被人爱，我们内心渴望被人关怀。

那是多么美好的时刻：寒冷时有人给你送来暖衣，孤独时有人给你送来问候，哭泣时有人为你擦干眼泪，远行时有人伴你同行，摔倒时有人把你扶起。如果所有的人都被爱着，那该是一个多么温暖的世界。但要创造这样一个世界，我们只有一个办法，那就是先学会爱别人。

从小在父母的关爱下长大，我们以为天下人都像父母一样关爱自己。但走进现实世界，我们发现大部分人都在忙着自己的事情，关心着自己的利益，于是觉得这个世界真的很冷漠，开始感到失望。有的人甚至因为承受不了别人的冷漠或势利而深感痛苦，变得抑郁、精神失常。

其实我们犯了一个严重错误，那就是我们假定所有的人都会像父母一样爱我们。父母的爱是无条件的，他们甚至可以为子女献出生命。我们从小习惯了这种无私的爱，长大后接触社会，发现无私的爱太少，世界并不像我们

想象的那么好。我们犯的另外一个错误是把自己假定为被社会宠爱的孩子。我们总是等着别人来爱我们，却失去了主动去爱别人的能力。

有人会说，我凭什么要主动爱别人呢？当别人都只专注于自己的事情，都只为自己的利益奔忙的时候，我凭什么要爱他们呢？这样的想法表面上似乎有道理，但持这种想法的人生活会过得越来越糟——如果别人不主动爱你，你就不会主动爱别人；但如果没有主动爱你的人出现，你就永远不会被爱。试想，如果所有人都不主动去爱别人，那这个世界将不再会有爱出现。

你渴望被爱，别人也是如此。两个人总得有一个要主动爱人，相爱才有可能产生，否则再渴望被爱，也没有人来爱你，因为大家都在等着被爱。因此，一个渴望被爱而不主动去爱别人的人是自私的，因为他只希望得到爱，而不愿意付出爱。

我们之所以在人间还能够感到温暖，是因为有人愿意付出。无条件的付出是最崇高的付出，如父母对儿女的付出。这种付出是不需要回报的。还有一些付出也是无条件的，比如有时朋友间的付出不需要回报，又比如很多伟大人物对于社会和人类文明进步的付出也是无条件、不需要回报的。即使是有条件的付出，也能够让人感到温暖。你一心一意爱你的男朋友，也希望你的男朋友一心一意爱你，这是有条件的；你真心诚意对待你的朋友，也希望你的朋友真心诚意对你，这也是有条件的；有的人拼命努力去帮助别人，是为了取得别人的认可和各种荣誉，比如被评为劳动模范或杰出青年，也是有条件的。这些有条件的付出，只要做得恰当，也能够给我们带来很多人间的温暖。

但有条件的爱是容易出问题的，可能会让人产生怨恨心理和报复心理：你爱一个人得不到回报时，可能就会怨恨；你拼命劳动得不到承认时，就会产生不满；你为一个人献出了很多，对方不为你做任何事情，可能就不仅怨恨，还会报复。有条件的爱如果处理不好，常常会伤害了别人也伤害了自己。只有当爱别人且不计回报，心情像白云一样潇洒时，才能够真正达到既爱别人又爱自己的境界，而这样的爱才是纯洁持久的。只有这样做，对于我们个人的幸福才会有真正的好处，才会把我们自己摆到生存的最佳状态。

为了更好的生活，我们至少有两点必须学会：

第一是要从渴望被爱的状态中解放出来，学会主动爱别人，先把温暖送给别人，这样也许别人才会把温暖送给你。

不要觉得这样做不值得，想一下日月星辰、草木万物、蓝天白云、高山流水，是我们爱它们还是它们爱我们？答案是我们爱它们。因为我们爱它们，我们才会对它们产生那么多美好的感情，才会写出那么多美好的诗歌散文，它们的美丽是因为我们内心的美丽而产生的。当我们爱别人的时候，情况也是一样的。你的内心产生爱的美丽，别人内心会产生被爱的幸福，大家的感情都变得美丽了，你的生命就会拥有美丽。

第二是我们要学会无私地爱，因为只有无私的爱，才能保持爱的美丽到永远。要做到这一点也不难，我们爱蓝天白云、高山流水，从来没有要求它们给我们回报什么，只要我们看到它们，内心就得到了满足。如果我们把这种态度用于对别人的爱，那我们得到的满足和幸福就会多得多。当然，这需要我们具备很高的修养，因为人类的行为和感情远比蓝天白云变化莫测得多。在种种的变化无常中，如果我们还能不被表面的变化所左右，保持一颗爱人之心，就能达到生命的圆满境界。

只有身体力行，你才知道主动的爱和无私的爱对你的生命有多大的好处。这不是要大家成为圣人，也不是要大家大公无私，而是希望你能够用正确的方法来成就自己的生命，套用老子的语气来说，叫作“大私于大爱之中”。

因为别人，我们活得更好

一个厨师做出了美食，如果只是为了自己享用，那将没有任何快乐可言，只有当别人品尝并赞美他所做出的美食时，他才会感到无比的快乐。一个人买了一束玫瑰花，如果只能送给自己，那意味着他的生活一定冰冷孤独，玫瑰花也会因此黯然失色。因此，不管你如何强调为自己而活，实际上却是为别人活着。

为别人活着有什么不好吗？没有，不但没有什么不好，而且真的很美好。人是社会性的动物，我们所做的一切都是为了融入这个社会，得到别人的认可，尤其是被我们热爱的人认可，这就是我们生命的本质和全部意义，也是我们生命能够成长的全部秘密。

大学时代，青春呼唤着我们去凸显自己。我们像雄性的鸟类，用彩色的羽毛来装扮自己，总希望自己比别人更有吸引力。我有个同学，为了吸引女生的注意，每天早上跑到女生宿舍前面的树林中去拉小提琴，直至被女生们集体喝止，沦为我们寝室晚上熄灯后永恒的笑料。大学最后两年再也没有听过他拉小提琴，但他每天仍旧早早外出，直到有一天听到他用流利的美语和外教交谈，我们才知道了他每天早起的秘密，钦佩之情油然而生。当然他很快成了女生们追捧的对象，而我们也因此多了几分嫉妒和惆怅。生命就这样成长起来了。

一个人的成长需要别人的关怀和鼓励，就像花的成长需要园丁的浇灌和修剪一样。有时你对别人的一点关怀能使别人的命运改变，有时别人对你的一点关怀能使你从此与众不同。

一个来自农村、家境贫困的男大学生，在周围来自大城市的同学的比照和压力下，深感自卑；由于精神状态极其不好，期末考试三门不及格，面临退学的危机，绝望中想了断自己。同班的一位女生得知此事后，出于同情买了一束鲜花去看他，说了他的一大堆优点，并告诉他很多女生都对他有好感，只是因为他深沉严肃不敢与他接近。女生走后，男生精神大振，立刻拿出教科书复习，在开学时终于全部补考及格，并且从此发奋图强，在毕业时成了全班最优秀的学生，拿到了美国著名的普林斯顿大学的奖学金。出国前，他请那个女生吃饭，向她表示感谢。女生告诉他，当时她说那些话只是为了安慰他，但是现在他真的具备了当时她所说的全部优点。

请记住：不管你有多么艰难，这个世界上一定有很多人比你更艰难，他们需要你的帮助和鼓励。因为你的出现，他们的生命将会变得更加美好。

CHAPTER 3

第 3 章

我的教育观

中国教育
最大的问题是什么？

什么是教育？教育的内在精神就是激发人类对于真善美的渴望。这个世界上除了真善美，还有什么更值得人类追求的东西吗？

真就是真知；善就是完善的人格、积极的价值观，以及对众生的宽容；美在于内心的喜悦，在于欣赏美和创造美的能力。当你听到一首歌曲，或者读到一段诗歌，或者看到壮丽的景色时，内心被触动，这就说明你拥有了欣赏美的能力。作为教育者，我们应该敬畏教育的这种内在精神和力量。如果中国的教育失去了内在精神，中国的未来将会何等不堪。一个失去了精神和灵魂的民族，就是行尸走肉，就会沦为物质和肉体的奴隶。

中国新一代的家庭教育和学校教育在一定程度上无疑是失败的：家长过于关注孩子是否拥有优厚的物质生活，老师过于看重学生的分数，孩子缺乏来自师长的人文关怀、精神气质培养和心灵陶冶。在中国的教育中难以寻找到悲悯众生的情怀和宽容精神的踪迹，正因为教育本身的缺陷和功能的蜕化，才会出现“我爸是李刚”的无知与野蛮，才会出现药家鑫开车肇事后连续8刀将人刺死这样缺乏良知的残忍与罪恶。这些极端事例都是中国教育失败的缩影，无不反映出中国教育缺乏人文关怀：既缺乏真，缺乏善，也缺乏美的教育。甚至整个中国的体制在某种程度上都是缺乏真善美的。

然而，中国教育的诸多缺失，虽然在一定程度上还有待中国的政府体制和教育体制的完善，但更为重要的是我们应该从自己做起，不能因为世界上存在黑暗，我们就不去追求光明，放松对自己的要求或是逃避责任。在黑暗中点起一根蜡烛，照亮自己前进的道路和别人前进的道路。每一个老师，都应该把自己变成燃烧的蜡烛，点亮学生前行的道路，让学生理解世界。任何拒绝的理由无非是逃避责任的借口。如果你不作为，作为一个老师，你本身就没有了精神和灵魂，那么你教导出来的学生同样没有精神和灵魂。如果我们所有的学生都没有精神和灵魂，那么我们整个民族就没有精神和灵魂。

中国学生为什么不快乐

学校对于孩子的成长负有重大责任，这一成长不仅仅是学习成绩的提高，而且是作为人的全面发展。

一个人最幸福的时光是从小学到高中毕业甚至到大学毕业这十几年的学生时代，但是中国现在的教育体系把本来应该是最幸福的小学、中学和大学时光，尤其是小学和中学时光，变成了孩子们长大后最不堪回首的岁月。

现在的孩子们回忆起自己的童年，几乎没有快乐，除了考试可怕、老师严厉以外，几乎没有留下别的印象。这是谁的罪过呢？

当然可以说是中国高考制度的罪过，但也可以说这是老师并没有领悟教育真谛的结果。真正的教育应该是让孩子在快乐中获得知识的成长，学习知识本身应该是一种快乐。但是我们的教育已经把学习变成了一种痛苦不堪的经历，老师们把它当作痛苦，学生们把它当作痛苦，最后的结果是大家陷入痛苦的旋涡中不能自拔。

在我的心目中，追求知识是一件无比幸福的事情，没有什么比自己的成长更加让人感到开心和满足，但是我们的学生没有体会到这种开心。原因之一是教育体系的问题，但还有很重要的一部分原因是老师没有用正确的方法传递知识，让孩子体会不到学习的快乐，学习成了孩子的一种负担。真正的成长，不仅仅是学业水平与能力的提升，而且是整个人的学习热情和对未来的期待的提高。

一个老师的热情可以带动一个班的热情，作为老师要把自己的热情融进教室，让每一个学生都能感受到你对教学的热爱与激情。

老师影响着一代学子的成长，肩负着重大的责任。学生成长，首先必须是老师的成长。人对于知识、智慧、学习的追求，本身完全可以是一个快乐的过程。任何一个老师如果有本领把追求知识的过程转变为快乐的体验，寓教于乐，那么这个老师注定是伟大的。有的老师一辈子都没教导出一个出类拔萃的学生，难道说学生天生弱智？答案是否定的，而是因为老师没有激发出孩子内心那种追求未来的渴望和热情。问题的症结首先在于老师自身。

如果一个孩子成功了，一个家庭的幸福指数也就提升了。现在，一家一个孩子，孩子就是家庭的一切，一个家庭的幸福与孩子的发展和成就息息相关。我的身边出现很多这样的例子：如果孩子成绩不好，孩子考试考砸了，孩子误入歧途了，孩子吸毒了，孩子堕落了，一个家庭再有钱、再有社会地位都没用。我那些有钱的朋友跟我说："俞老师，你看我孩子已经这样子了，你如果能把他培养成才，我把全部家产捐了都行。"但孩子已经基本定型了，即使父母把钱全部捐了，也不一定能够纠正过来啊。如果孩子不成功，有钱、有地位的家庭也不会幸福。

如果国家和政府为老师着想，那么老师肯定会为学生着想；如果政府不为老师着想，那老师就不得不为自己着想了，那为学生着想的老师就少了。通过老师的努力让学生在课堂里得到快乐的成长体验；通过政府为老师着想，再让老师为学生着想。如果这些做到了，中国的教育一定会是另外一番兴旺景象。

分数决定一切，这就是中国

考试成绩上不去，学科成绩上不去，什么都是白搭。作为一个农村孩子，我考过了北大录取分数线，所以才上了北大。分数决定一切，这就是中国，我们在短期内是改变不了的。那通过什么方式提高学生分数呢？通常有两个方法：第一个是通过严格要求、反复练习、打疲劳战，甚至是训斥打骂的方式。但是谁都知道这不是最好的方式。第二种方式是通过鼓励激发学生的学习积极性，让他们的梦想飞扬。这种方式可以更加有效地提高分数。

采用第二种方式的学校和老师拥有先进的理念和教育方法。相反，采用第一种方法，通过威胁甚至侮辱的方式来强迫学生学习的老师和学校则是观念落后、手段粗暴的。学生作为一个人，不管学习成绩怎样，他的人格是需要被保护和尊重的。对学生严格要求没有错，只要你对学生的爱是真心的。对学生的爱有真心和假意的区别，对学生的批评也有真心的批评和侮辱的批评的区别。你不要以为孩子们傻，他们的心透亮得很。

我在小学、中学的时候都有老师骂过我，但真心为了我好而骂过我的老师我一直心怀感激。但如果老师侮辱过我，我会记恨一辈子。我小学六年级的数学老师到今天我想起来还觉得不舒服。有一天，这个数学老师下班以后从我们村庄路边走过。当时我们一群孩子在玩，有一个小孩子问，谁敢叫老师的名字，结果我就大胆地喊了一下这个老师的名字，这个老师看了我一眼就走了。我以为老师没有看到，没想到我的声音比较特殊，被老师记住了。第二天去上学，这个老师让我在她办公室里几乎站了一天一夜，不给我吃，不让我喝，从此我对数学和数学老师深恶痛绝。但是如果这个老师换个方式，把我叫过去跟我讲道理，比如告诉我叫她名字她会觉得很亲切，但毕竟我是学生，她是老师，以后还是继续叫她老师的好，然后问我这样行不行啊。要真是这样，我会心平气和地接受老师的教诲，以后会更加尊敬师长。

中国有些老师习惯性地通过侮辱“抹杀”学生，这不是身体死亡，而是甚于身体死亡的精神死亡。这些老师在无意之间不遗余力地让一批又一批中国孩子的灵魂和精神走向死亡。很多老师总以为摆出一副老师面孔骂学生几句，学生就会听话。其实，完全不是那么回事。你要尊重学生，把学生心中的激情点燃，把他们追求未来的梦想激发出来，让他们打心眼里尊敬你。你这个老师还会难当吗？各位老师真要认真想一想，怎么样让自己成为受学生欢迎的老师。如果学生喜欢上了你，他自然就喜欢学习了，成绩也就必然提高了。我们常常发现，学生喜欢哪个老师，哪门课的分数就会上升。相反，学生讨厌哪个老师，哪门课的分数就必然下降。

除了提升学生的学科成绩和考试能力以外，老师要认真思考如何做到学生以下三个方面能力的培养：第一，鼓励学生的梦想，提升学生的自信。第二，健全学生的人品和人格体系。第三，把学生变成一个自信、诚实、乐于助人、热爱生命并喜欢学习的人。以上三点每一个老师只要认真去做都能够做到，做不到你就不适合当老师。

此外，老师还有最后一个重要的任务就是培养学生对美好事物的感知能力。众所周知，教育四大要素是德、智、体、美。美学教育是教育的重要环节。作为老师，除了提升学生的成绩，另外一个重要任务就是提升学生对于美的感知能力，包括自然之美、人文之美、社会之美等。老师最重要的任务之一是培养孩子发现并享受这个世界的美好。

作为老师的我们应该将这份探寻美的愿望和审美能力传递给我们的学生。美，教育者的内在精神，才是教育的真正要素。中国教育的改变要从点滴做起，从老师做起。把你那个班教好，把孩子们对美好的感知能力培养出来，把他们的自信激发出来，把他们的梦想启迪出来，把他们的学习成绩提高上来——这就是老师的人生，这也是老师的境界。

面向未来的教育：着重培养情商和逆商

面向未来的教育，首先是让学生认识自我，培养并提高学生的智商、情商和逆商三大商数，而不仅仅是开发学生的智力。目前中国的教育仅仅完成了智商中考试能力的开发，甚至连学习能力都谈不上，在13亿中国人中脱颖而出的高考尖子、大学尖子至今还没有拿出问鼎世界级别的研究成果。

我们中国人从来不缺乏获得顶级成就的能力，华裔获得诺贝尔奖不在少数，可惜大多在国外。究其原因，中国的教育体制、机制性障碍是导致学生学习能力发生偏差的重要原因。在孩子成长过程中，情商和逆商的开发被忽视，三大商数的开发呈现出不平衡发展态势。

什么叫情商？情商就是让别人信任你、喜欢你的能力。被人信任的前提是具有讲诚信的人品、人格，待人诚恳，这样才值得被人信任。同时，学会分享，互相帮衬，也是情商至关重要的内容。逆商就是具有面对困难、面对挫折、面对失败时的抗打击能力和自我鼓励能力。我们往往把对孩子的逆商教育当作是对孩子的侮辱教育、挫败教育和打骂教育。真正的挫折教育是通过鼓励的方式，让孩子们从失败中站起来勇往直前。我们对孩子要不断鼓励，让孩子在鼓励中获得成就感。

总而言之，三大商数决定了一个人的终生成就，其中智商只起到百分之二十到百分之三十的作用，情商和逆商所起的作用更为显著。

如何真正实现面向未来、面向世界的教育？

除了上面提到的三大商数的培养之外，我觉得可以从以下几个方面着手。

第一，实行心情教育。纵观山峦叠翠、沐浴晨光雨露、欣赏漫天繁星就是心情教育。我第三次备战高考时的英语老师上课讲授充满热情，鼓励学生自主学习，同时对我们进行心情教育。江边言说故事、参观名人故居、爬山消遣等表面看来不过是浪费时间，但实际上我们在这种氛围中学会彼此相处、学会排遣杂念，我们拥有愉悦的心情，学习激情与效果在无形中得到提升。孩子的心情教育，家庭的心情教育，加上学校的心情教育，三者缺一不可，三者形成良性循环，这样才能实现完善的可持续发展。

目前中国的心情教育现状不容乐观。现在的很多中学囿于各种限制，没有魄力，也没有能力放手推行心情教育。我曾经与几个重点中学探讨过为什么不组织学生去春游。各个学校顾虑的是这类活动难免会发生意外，而一旦有意外，学校与家庭之间将会水火不容。因此，在目前状态下，家庭过多干涉，学校不敢作为，导致心情教育无法推行开来。相比较而言，国外的心情教育与中国存在明显的差距。国外学校组织学生参加挑战项目，比如野外徒步20天，没有任何现代化设备，锻炼学生的野外基本生存能力。项目启动之前，家长需先签生死协议书，如果一旦发生意外，学校不负任何责任，家长也深知个中利害。这种在国内看来不可思议的项目在国外却运行得非常顺利，这是源于国外整个社会和学校教育配合一致。

第二，实行鼓励教育。培养孩子的成就感，让他们收获更多的成就感和幸福感。孩子们的优势并不一定会自动展现在你我眼前，需要我们努力挖掘他们的潜在能力和优点。如果任何一位老师不能够从学生的身上发现他的特长和优势并加以鼓励，作为一位老师则难以称其为合格的老师，因为这等同于你放弃了孩子，扼杀了孩子的成长空间。说得严重点，这也意味着你放弃一个家庭，扼杀了一个家庭的未来。

我们常常谈鼓励教育，实际上每一个孩子或多或少是有优点的，即便是发型、服饰、笑容这些看似与学习无关的方面，同样值得鼓励，我们无须吝啬我们的语言和鼓励。学习仅仅是值得表扬的其中一个方面而已。

第三，培养孩子向往伟大、走向伟大的信念和能力。我们看到，有的人一辈子碌碌无为，有的人一辈子志向远大、成就辉煌。其实，无论是伟大的人，还是平庸的人，日子都是琐碎的。琐碎的日子就像水泥和沙石一样，既可以砌成伟大的建筑，也可以最终一事无成，永远是一堆水泥和沙石。人与人的差别也是如此。对于学生来说，出身不是自己能够选择的，但是归宿却是自己抉择的，以何种姿态行走，获取多大的成就，这是自己能够抉择的。所以，个人的成就虽然离不开先天条件，但是最主要还是取决于后天的努力。而我们老师就是学生后天努力的最大动力。

有一句英文是这样说的：教育不是注满一桶水，而是点燃一把火。让我们一起共同努力，点燃我们作为老师内心的火焰，也点燃我们遇到的每一个学生内心的火焰。

中国孩子的前途
还是靠分数说话比较靠谱

我的女儿今年 15 岁，刚好处在一个最为关键的成长年龄阶段。当我们面对教育的时候，我们到底要培养孩子什么？是培养他们以高分考进北大清华，还是教会他们其他很多更重要的东西？这些是家长和孩子都需要考虑的问题。

我是老师出身，一旦进入某个人群中间我就要去分析这个人群成功或者失败的原因。现在我在企业家人群中比较多，我就会去分析阿里巴巴的马云、百度的李彦宏、蒙牛的牛根生、汇源果汁朱新礼、联想的柳传志等人为什么能够成功。我除了和他们思想沟通交流以外，还会在一起开会、吃饭、聊天。我会利用这些机会观察他们拥有哪些有别于常人的特质，是因为他们受的教育太好了，还是因为他们身上有其他的特征能够使他们取得更大的成功？这些特征反过来就能应用到我们对孩子的培养上去。

我的另一个朋友圈就是政府领导，比如说我有一次到了江阴后，与当时的市委书记朱民阳、当时的教育局局长屠湘如等一些江阴的领导开会、聊天。

大家都知道中国政府跟学校的关系是紧密相关的，会提供资源支持。有的是精神上的支持，比如在各种场合夸某个学校，虽然政府一分钱不用出，但是这所学校就会感到很有信心。有的时候是物质上的，像南菁高级中学这个新校区，政府正在投入4个亿建设。

我跟政治人物打交道，也会分析他们为什么能成功。中国政府是一个大平台，一个人一旦在政府做了领导以后，他能动用自己的能力为社会做贡献或破坏社会的力量都很大。领导是因为名牌大学毕业才能做领导吗？胡锦涛是清华毕业的，李克强是北大毕业的，我们好像可以说他们和名牌大学有关。但温家宝是北京地质学院（中国地质大学前身）毕业的，不能算是真正的名牌大学。这意味着什么呢？

大学的教育和一个人将来的成功有一定的关系，但不一定是决定性的。如果说名牌大学就必然出优秀的政治家，那中国的所有政府领导都应该被北大清华包了。然而事实是，北大清华也就那么几个人在当政府领导。这样分析以后，再回到教育的根基上来，难道分数就必然决定孩子一辈子成功吗？好大学就必然让一个人最后成功吗？我的答案是半否认半肯定。如果说高分数考大学就决定了终生成功的话，那么也就意味着我们应该要做的事情就是提高分数。但是我们又发现并不是这样，还有另外一些因素可以决定这些人的成功。

我们的教育，尤其是中小学教育，肯定不仅仅是抓分数，但现在中国的教育体制不管怎么改都还是在往分数方面引导。中国的高考制度就是分数引导系统，我发现领导们都在抱怨高考制度。我跟教育部的领导也反复探讨过这个问题，高考为什么不能改得更加好一点？

我是一个改良主义者，不是革命主义者，对高考改革我不主张把高考推翻了重来，甚至于把高考整个体系都破坏掉，我主张高考是要坚持的，高考的模式可以进一步合理化，高考以外的其他辅助高考的手段，包括特长生招聘，像北大的中学校长实名推荐制都是对高考的补充。

我们不能完全否定高考，也就是废除高考，只要高中向大学推荐，或者说各个大学自己招生就能把学生录取，这需要中国社会达到一个完全讲诚信不讲人情的水平。但中国2500多年来，诚信体系就从来没建立起来过。没有建立意味着什么呢？一是做任何事情都可能会作弊，在清朝科举考试惩罚得那么厉害，只要发现作弊就被满门抄斩，但是清朝每年科举都有作弊现象。现在也是，对高考作弊的惩罚也很厉害，但依然有作弊现象．在中国人的心中好像作弊并不是一个道德问题，这种看法本身就是一个问题。

中国5000年的文明史培育出了一个超级人情社会，既然是人情社会就会出现一个问题：这就是我和你认识了，那么我们就能够互换资源，而且常常会破坏规矩互换资源。在西方社会，你跟我认识跟你占有的资源完全无关。

美国总统小布什当初曾经推荐自己朋友的孩子到耶鲁大学去读书，结果耶鲁大学校长给小布什写了一封信，坚决不接受这个孩子。因为这个孩子不符合耶鲁大学的录取标准，而且还把小布什骂了一顿，说你作为总统，对孩子没有判断力，你就把这样的孩子写信推荐过来，有损你这位总统的名誉和形象，让美国人民对你这个总统的判断能力产生怀疑。而这封信居然登在了美国最流行的报纸上面。但是在中国，要是某个领导写一封信给校长说我要推荐某个人过来，校长就该反复掂量分量了，因为在中国，上一阶层对下一阶层的命运有决定权。

中国学校的校长都是行政化校长，这样就得听从上级领导，否则乌纱帽不保。我们已经讲了10年以上的学校去行政化，从大学到中学，非但去不了，行政化还给我们带来了很多麻烦：今天考评，明天调研。但是另外一方面，如果把行政化去掉了，你什么身份都没有了，在社会上你是什么人呢？现在的校长已经不以当校长为一种认可了。在蔡元培那个时代，你可以说我是社会著名学者，我是大学教授，或者说我是大学校长，那个校长是被全体教授推荐出来的，本身就是一个超级身份。但是现在，我和校长们谈过这个问题，他们说一方面他们想去行政化，一方面他们不想去行政化，因为他希望自己也是个部级干部或者局级干部。

以上我说了这么多，其实就是为了说明：中国孩子们的前途，还是靠分数说话比较靠谱。高考制度本身已经是中国能够找到的比较公平的一个制度了。所以我不希望高考取消，只希望高考进行局部的改造。我一直认为中国的高考，应该一年考两次，由学生自己选择两次考试最好的分数，去联系学校或者由学校录取。这样的话，孩子们可以相对轻松一点。

除了分数，我们的孩子还应该具备这些特质

一个人分数之外的品质是在中小学的时候养成的，这个时候养成的品质是家庭和学校共同教育的一个结果。

我是农村孩子，所以天然善于吃苦、不怕被打被骂，因为农村有一个很奇怪的现象，父母一看到孩子不行，拿起来就一顿打。尤其是我们那个时候，兄弟姐妹比较多，好像打死一个没事儿，所以拿着竹子、棍子追着打。这种情形在农村比比皆是。当然现在也不行了，因为现在农村大部分家庭也是一个孩子，舍不得打。中国的文化传统，是典型的“棍棒之下出孝子、筷子头上出孽子”。

但是，那时候农村孩子有心理毛病的很少，尽管我从小就是被我母亲打大的，但我心理比较健康。因为打骂背后没有对你的歧视，打骂背后没有对你的羞辱，打骂背后我知道了父母的辛苦，体会到父母的艰难。因此从小我就明白，要是不努力学习不努力干活，父母打骂就是应该的。当然我不是鼓

励老师、父母去打骂孩子，只是想说当时的那种环境，潜移默化地锻炼人，遇到失败、遇到挫折、遇到各种各样的问题，你都不会怕，还愿意去尝试。所以就有了像我们这样连续参加高考三四年，身心还是很健康的人。

对于我们的孩子来说，现在的教育我们应该注重什么呢？教育除了分数以外，我觉得要从孩子身上看到成功的特质。我认为孩子应该有以下几个特质：

首先，培养孩子内心的美感。

快乐健康的心情很重要，但是我觉得更重要的是培养孩子对生命的热爱、对社会的热爱和对大自然的热爱，这叫真正的心情。我给家长演讲的时候曾经说过，我们的家长都很忙，但是我们总有悠闲的时候，请问你们闲的时候干什么呢？带着孩子去吃麦当劳、肯德基当然很好，带着孩子去欢乐谷坐坐过山车也很好，但是这些都不是培养孩子的方法。

我想请问家长中间有多少人曾经在月圆的晚上，带着孩子坐在湖边上或者开阔的农村原野，看看月亮？有多少家长曾经带着孩子，躺在一个没有城市灯光污染的草地上看满天的繁星，并且告诉孩子们银河在什么地方，牛郎织女星分别是哪一颗，北极星是哪一颗？请问有多少家长在周末的时候，除了带着孩子到农家园去吃土鸡以外，还带着孩子去辨识各种各样的农作物以及学习它们的生长周期？请问你们的孩子有多少人认识路边上的野花叫什么名字？家长都会说，这连我自己都不知道。

现在的环境已经是一个被社会和城市把人的美好心情牺牲掉的状态。如果不这么做，孩子对生命的热爱、自然的热爱，内心的美感怎么产生？一个对生命和自然没有美感的人，他未来会成为什么样的人？不是赚钱机器，就是害人机器。原因很简单，他不热爱自然不热爱社会，就培养不出这样的心情，他也不可能对生命珍惜，他不珍惜自己的生命就必然不珍惜别人的生命。

我想要说明的是，孩子的分数既然不能决定他一辈子的成功，那么我们除了给他分数外，还应该给他什么东西。

现在的教育有一个误区，就是老师只关注和表扬班内前10名的同学，因为能给他带来收益。为什么？学生进了北大清华，老师奖金拿得多，而后面的同学就处于被放弃状态。

我觉得优秀的老师是鼓励全班最后10名学生的老师，这个全班最后10名的同学，他们不一定是笨的，只不过是没被鼓励；如果被老师给放弃了，自己也就开始放弃自己了。这些学生自我推动力相对较弱，所以一定需要老师在后面推一把，寻找他们身上的优点，激发他们对生命的热爱。

生命就是给人一种信心，给人一种感觉，给人一种美好。

鼓励孩子是有方法的，我最喜欢的一个故事是美国的一个物理学家回忆自己怎么变成物理学家的故事。他物理考试第一次考了8分，就想放弃物理学习。但是这个老师不愿意放弃任何一个学生，他想鼓励学生把物理学下去。但是普通鼓励是不管用的，对于特殊的学生有特殊的鼓励方法。通常满分是100分，及格分数是60分，这个老师就对这个学生说，再考一次，如果下次考试你考到了9分就算你及格。这个学生想，不就加一分吗，然后就再考一次，考出来了28分。但考了28分老师也没法表扬，当着全班同学说某某同学考了28分，大家鼓掌？这样一来就会把孩子给侮辱了。老师很聪明，当着全班同学做了一个减法，请大家把这一次考试和上次考试相减一下，然后把剩下的分数告诉老师。上次考了95，这一次又考了95的，一减剩下了0分……这样一减下来全班只有这个同学得了20分。老师把所有同学的剩余分数在黑板上一写，只问了一个问题：请问从上次考试到这次考试，我们班的哪位同学进步最大？全班同学异口同声说是某某。20分，相当大的长进啊！所以，一个老师的鼓励，给学生所带来的是心灵上的震撼和对未来的憧憬，从此这个孩子就爱上了物理。

处在中小学阶段的孩子都有一个特点，喜欢教这门课的老师他就会喜欢这门课，所以应该让学生评估老师。我后来发现学生是有判断能力的，他绝对能判断出这个老师有没有人性，这个老师会不会鼓励人，这个老师知识丰富不丰富，在这个老师身上能不能学到东西，绝对不是说天天讲笑话的老师就能让学生得高分的。在新东方就是实施的这套体系，让学生打分。学生不喜欢的老师不能进教室，理由很简单，我不喜欢你凭什么跟着你学，这是一个非常简单的道理，老师不合格，带出的学生当然不合格。

其次，培养孩子对书的热爱。

中学教育不仅是为高考，而是为了把孩子们培养成一个知识全面、心情愉快的人。

搞教育的人应该都知道，孩子读课外书籍是一件好事，看我们怎么引导。当你发现孩子在你上课时读课外书籍的时候，应该首先检讨一下自己，你的课为什么不能吸引学生呢？学生为什么要读课外书籍呢？分析出了原因，就用恰当的方法来解决这个问题。

如果我看到一个孩子在读课外书籍，我上课时不会去说这个孩子，但我下课后肯定会把孩子找到办公室。我能做的事情是什么？先买几本世界名著放在桌子上，孩子来了以后我就先送他一本，比如《静静的顿河》《战争与和平》《红与黑》等等，并说老师也喜欢读世界名著，但是咱们能不能商量一下，如果你在上课的时候读课外书籍，我不管你的话，那别的学生也可以读课外书籍，如果全班同学都读课外书籍的话，那么老师就没法教课，老师一点点自己的尊严都没有了，所以能不能请你上课的时候还是听我讲课，下课以后你怎么读课外书籍都行。如果你还想读世界名著，你可以到老师这来借，或者让老师来给你推荐也可以。如果这样，你想这个学生会是一个什么样的状态？一辈子会尊重你。他上课的时候肯定不会再读课外书籍，老师讲的任何一句话都会听，说不定最后还培养了一个文学家或者作家。

一件简单的事情用不同的方法处理会有不同的结果。我们现在的问题是，老师除了自己的学科以外，自己都不读书，看到别人读书还恨别人，更不鼓励学生去读各种各样的课外书籍。但是高中三年，除了学科成绩以外，孩子是肯定要读一些课外书籍的，不一定一星期读一本。但是一个月读几本世界名著难道会对学习有妨碍么？

我女儿现在是初三，在国外上学，她上的语文课是没有教科书的。一学期 4 本世界名著，一直要读到高中毕业。一学期 4 本，一年 8 本，她现在正在背莎士比亚的《罗密欧与朱丽叶》，背完了就是上课讨论，老师分析，他们就是这样的教课方法。4 年下来，读 40 本左右的世界名著，每本名著都是老师引导着学生学习。中国没有这样的体系，如果我们鼓励孩子稍微读一点儿这样的世界名著，会对孩子的心情起到良好的作用。

一个不爱读书的人，他最后能成功吗？爱因斯坦是伟大的科学家，但不要忘了爱因斯坦把世界上所有的名著都读完了，而且爱因斯坦还是世界上著名的小提琴手之一。教育永远不是单项好就行，而是综合性的。我们为什么不鼓励孩子们读书呢？现在走进一些图书馆，放世界名著的地方都有灰尘，没有灰尘的都是放教辅、教科书的地方。这是教育的偏向，但是我们校长是有能力纠止的，这是我们要做的事情。

第三，教育最重要的是给孩子有尊严的学生生活。

在学校里，让每一个学生、老师有尊严地活着，是可以做到的，因为学校关起门来就是一个平等的地方。校长自然要管理老师和学生，但是校长更多地是用爱心来管理，一起共同成长。尊重每一个学生的选择，尊重每一个学生的人格，尊重每一个老师的人格，用人性的方式来进行交流。我最怕的是老师和家长对孩子教育的时候训斥、怒骂、指责、侮辱。很多老师侮辱了学生后，自己却不知道。如果家长不会说话，老师不会说话，学生跟着一起不会说话，一说话就伤人，一说话就不尊重人格，请问在这种情况下，我们怎么让每个人都有尊严地活着？所以，这也是我们讨论的教育质量的问题。

我觉得教育质量的问题不是成绩的问题。

每一位校长和老师对如何提高成绩都是顶级专家。我们做老师的，要培养孩子的心情，培养孩子充满诗意、热爱生命的精神，培养孩子不管遇到什么艰难挫折都对未来有信心的勇气，培养孩子热爱读书的学习习惯，让孩子感到生长在这个社会里是有尊严地活着的，这就是教育最重要的内容。

用爱和激情
点燃孩子内心的火焰

在我心目中，农村老师无比重要。因为农村孩子的出路，他们未来是否有理想、是否愿意奋斗、是否有奋斗能力，全部依赖于农村老师的教育。农村的家长一般来说只能教孩子人品，只能让孩子把农民那种朴实勤劳的性格带出来。现在大量的农村孩子的父母几乎都不在身边，他们成了留守儿童，由爷爷奶奶看着。这样一来，本来应该家庭完成的教育就会有缺失，使得农村孩子的成长更大程度上依赖于老师。我们的老师主要是在为这些农民子弟服务，为他们的前途提供帮助。

如何来鼓励这些孩子？如何解答这些孩子从学习到生活、再到生理和心理上的问题？如何让这些孩子最后考出优秀的成绩，使他们能够跟城里的孩子同台竞争，让他们的未来有一条出路？因此，农村老师身上所扣的责任比城里的老师要大很多。

农村老师与城里老师的差距也就是城乡教育的差距。城里的老师有很多优势：第一，城里学校的教学条件好，学生能享受到比较安逸和舒适的学习环境。第二，城里孩子的家庭条件比较好，有足够的时间和条件来安心学习。第三，城里的老师本身所得到的教学支持和教学培训比较多，所以更加容易把先进的方法运用到学生身上。这些差距使得中国的教育形成了一个强烈的反差：农村和城市的教学水平之间的差距越来越大，而农村孩子和城里孩子的前途之间的差距也越来越大，最终让人们质疑教育的公平性。

我曾经在全国政协会上提案说，凡是面向农村学生进行教学的老师，工资应该比城里老师多出百分之五十，这样才能使农村老师安心在农村开展教学工作，也才能吸引有才能的老师到农村来。所谓农村老师，不一定要住在农村，你可以住在城镇，但是你教的是农村孩子，你要安心地教农村孩子。这个方案如果实施，有两个好处：第一个好处是现在的农村老师大部分都会安心在农村工作。第二，城里教学水平高的老师中会有一部分人愿意到农村来教书。尽管工资不能作为判断要不要留在农村教书的唯一标准，但一定是重要的考虑因素。老师的灵魂必须是崇高的，但是如果老师们没有足够的钱去应付必要的生活支出，对精神追求时就会有难度。两袖清风还愿意献身教育的老师在中国有很多，但是我们不能要求每一个老师都这样。我一直认为，越是贫困地区或农村地区的老师，越应该享受国家更高的福利待遇和薪酬待遇。长此以往，农村的教学水平就能够不断改进。

我几乎每年都在讲农村的教育问题，因为我本人就是一个农村的孩子，如果当年没有上大学，就不可能有我的今天，也不可能为社会做更大的贡献。

一个农村孩子是可以有广阔天地的。这个广阔天地只能来自于教育。作为一个农村孩子，如果没有考上大学，他就不可能有后来的一切。

有时候老师的一句话能改变孩子一生的命运。所以，我会要求新东方的老师不管在班里碰到什么样落后的孩子，都应该鼓励他。农村孩子考上名牌大学的比例是很低的，难道是因为农村孩子脑袋笨吗？当然不是，而是因为农村孩子没有得到与城市孩子一样先进的教学资源。中国的教育水平目前存在较大的城乡差距，有的城市的示范中学，一投资就是两三亿，而农村的中学，连一百万的投入都很少见。面对这种情况，我们老师要做什么？不是抱怨。既然我们要对孩子们的前途负责，我们就要努力把这个责任承担好，让我们手下真的出现一两个、三四个，甚至五六个特别优秀的孩子，让他们能够从农村走向世界，然后再回来改变家乡、改变中国。

在这点上，我觉得每个人都不要去低估自己的力量。对于农村孩子来说，待在农村一辈子会有什么机会？但是你鼓励农村孩子哪怕上一个大专，哪怕到北京最差的大学去学习一趟，他就有可能碰到不同的机会和机缘。

有尊严是
谈家庭教育的基础

家庭教育是一件不容易的事情，我比较同意钱文忠的话，家庭教育在中国是一个死结。

家庭教育是社会的细胞，我们希望这个细胞是健康的，但是当这个社会有重病的时候，健康的细胞会非常难受。我一直认为现在的中国，不管是从教育角度还是从其他角度来看，都是一个有病的躯体。有病的躯体并不是说这病治不好，而是需要努力诊断病因，对症下药，才能让得病的身体一点点好起来。唯有这样，作为社会细胞的家庭才能健康起来。

网上曾经流传最多的一句话叫“我爸是李刚”。保定某一个区公安局副局长的儿子在大学校园内驾车肇事造成伤亡之后不道歉，还嚣张地说“我爸是李刚”，天真地以为公安局副局长的儿子就可以伤害他人性命了都不负责任。这是谁的错？是他爸的错，还是孩子自己的错？两个人都有错！但再往深里说，这个错不一定在他们身上，而是在整个中国的机制身上。

中国的机制是官本位，这造成了中国社会对上不对下，所有的行政体系不断地强化必须对上面负责不用对下面负责这一点。这种现象导致了人与人之间的不平等，也导致了人与人之间缺乏相互尊重，导致人的尊严不断丧失。

中国社会很少有人会过得有尊严。你说政府官员有尊严吗？表面上是有的，实际上是没有的，因为只要有上级，并且上级总是按照自己的意愿发号施令，这个人就不会体会到尊严的感觉。中国的体系和文化不是给人尊严的体系和文化。我们国家前总理温家宝说过，要让每一个中国人有尊严地活着，这谈何容易？

如果一个社会没有对尊严的尊重，没有对人格平等的尊重，谈家庭教育真的是没有基础的，就像某个人生了大病后要让某一个细胞健康是不可能的一样。

除了官本位的问题，我们也看到了很多关于中国富二代的负面报道，比如飙车、撞人等等。富二代的问题怎么出现的？首先是富一代出了问题，富一代中有些人是通过和政府权钱交易变得富有的。由于交易本身就是违反商业道德和不公平的，所以带来的后果是这群人富有以后过度膨胀。既然钱是用不正当手段或者不公平交易、失去尊严换来的，他就想把失去的尊严找回来。有的煤老板一掷千金买几十辆奔驰，其背后的动机就是想通过炫耀财富显示自己的尊严。他们把钱给了孩子，但是没有教给孩子什么才是有尊严的生活方式。

现在社会的乱象以及家庭教育的缺失，很多是因为中国从一个农业社会迅速转向商业社会所带来的结果。这一转变到底是好事还是坏事？我想告诉大家是好事。我们之所以没有办法应付现代社会的发展，是因为中国社会转型太快了。我们一下子从农业社会——从 30 年前我根本走不出村庄，到今天走向了全世界。现在大马路上你能认识几个人？你知道隔壁住的是谁？不知道。这个转变西方用了 200 年，我们只用了 30 年。但是社会发展需要体系和制度的同步发展，社会才能稳定。这个稳定，其实是社会结构和体系的稳定，而不是靠嘴巴讲的稳定。

商业社会是我们的必经之路，我们不可能回到农业社会。未来社会的稳定和发展依靠的是商业文明。商业文明体现了什么特征呢？商业的本质是交易，买卖双方都合算，交易才能进行，商业就是大家合算，双方平等，这是第一要素。第二要素是契约精神。第三，交易意味着信息透明。如果我要买一个东西，我要到处比较价格，我要跟某个机构签合同进行业务之间的合作。所有这一切会带来什么？就是我们所向往的诚信体系和公平体系的建立。诚信体系和公平体系的建立是一个社会的基础，这个基础建立以后，家庭教育一大半问题就解决了。知道这个社会需要什么东西后，也就知道我们要遵循的价值体系是什么了。

中国发展速度如此之快，面对现代社会，家长需要有前瞻性的眼光。

尽管现在社会有很多乱象，但是我们有充分的信心认为中国社会一定会走上透明的、公平的、平等的时代。无论谁都挡不住这个趋势。我们逐渐会发现这个社会真正需要的是什么。

不管社会如何变迁，很多本质的东西是不会变的。善良和勤奋永远是好的，而且善良和勤奋是可以后天习得的。我们家长教孩子的时候应该教给他们什么样的价值观？是教他们鼠目寸光有便宜就占、不诚信地获取资源，还是教他们真正有用的一辈子的价值观？我相信李刚把自己的儿子给毁了，因为自己的价值观不好影响到了自己的孩子。即使在现代到处都充斥着欺骗的社会，人们依然欣赏诚信、善良、乐于助人、开朗、有团队合作精神的人。作为家长，教育孩子请往后再看十年二十年，这个社会希望什么样的人成为社会主宰？让我们的每一个家庭细胞都健康，直到把疾病挤到没有任何地方可以待，那么中国社会必然就会健康起来——这就是我们要做的事情。

对待孩子要严厉，我一点也不反对，但严厉的背后必须是爱，如果没有爱怎么打都是不管用的。老师和父母对孩子的严厉都应该以爱为基础，当你批评一个孩子的时候，有没有把他当成一个平等的有尊严的人来看待？我们守住这个底线就行了。我跟新东方的老师说，对孩子严厉是可以的，但是尊严这条底线不能破。如果老师用戒尺打了孩子，孩子还能喜欢你，这就表明你这个老师做到位了。核心的东西是爱，关爱和人性的尊严、善良永远是任何一个家庭教育的主题和要遵循的原则。

我曾读过一篇文章，说如果一个孩子10岁前有两种状态，这个孩子一辈子不会差。一种状态是玩疯了，最后能高兴到忘掉一切的地步。第二个就是有规矩，玩疯了还得有规矩这是不容易的，家长放松让孩子充满想象地去玩儿，但要让孩子知道什么事情是不能碰的，比如偷窃行为。

能否教出好孩子和父母的知识结构无关

家庭教育能否教出好孩子，跟父母本人的知识结构没有任何关系。

从父母的角度来说，家庭教育首先是父母给孩子传递什么样的价值观。我出身农家，我的父母都不识字，母亲是妇女队长，父亲是木工，两个人都喜欢帮助人，而且他们会要求我们一起去帮，这也让我从小耳濡目染，养成了乐于助人的性格。我们一家人在村里的人缘都很好，我也经常将自己的小人书、水果糖分享给小伙伴们，我的领导力应该就是那时候培养的吧！

帮助别人的背后是别人也会帮助你，甚至可能是更多的帮助，只不过可能会以另外一种形式出现。在北大读书时，宿舍里打水和打扫卫生最多的是我，但我像我的父亲一样习惯了不去计较。所以创办新东方后去找在美国和加拿大的同学，希望他们回来一起做新东方时，我的这帮同学几乎毫不犹豫地答应了，理由只有一个：俞敏洪在我们心中一直是一个好人，如果干成功了，我们一定可以利益共享。

一定要培养出孩子对某种东西的超级爱好。

父母一定要培养出孩子对某种东西的超级爱好和渴望，只要是这个爱好有点正能量的，父母就不能去干预，哪怕这种爱好影响了他的学业。这也是我自身的体会。我母亲给我买了许多小人书，这促使我爱上了文学，因此我的语文成绩非常好。但由于小时候调皮被数学老师关在办公室饿了一天，我就因为厌恶数学老师进而厌恶数学，高考数学才考了 4 分。

虽然我母亲只是希望我能做个农村小学教师，但我的坚持，让我最终考上了北大。在孩子生命中培养出他最最重要的渴望，是孩子对于生命以及生命爆发的无限向往，进而迸发出对某种事物追求的激情，这会令他们不甘于现状。而一旦认命了，你的人生就从此结束了。

我现在也很注重培养自己孩子的读书习惯，我家里上万本书，每一层都是书架，在这种环境中，孩子不读书往哪儿跑？关键是家长自己也得真正读书，孩子才会读书。

教育好了父母，就教育好了孩子。现代社会有一个问题是，大部分的父亲与孩子的接触远远不够。我们曾经做过一个调研，让学生做出选择，假如发了大水，船上有 9 个人及东西，包括父母、爷爷奶奶、小狗、电脑等，船行到途中因某些问题，只能留下三样，其余只能扔进水里。孩子留下来的除了自己，第二样通常都是妈妈，最终把爸爸留下来的只有 20%。出现这样的结果的原因是爸爸在孩子心目中没有留下深刻的认识。

父亲一定要有足够的时间陪伴孩子，甚至是每年要有一定量与孩子单独相处的时间。这样做会培养孩子对父亲的依赖感，孩子能从父亲身上学到独立的精神。女孩能通过父亲了解男人是什么样子，男孩能从父亲身上学到怎么去当男人。

教孩子从小学会承担责任

爱人在家里带孩子，每次儿子摔倒或者撞在家具上，开始号啕大哭时，爱人总是用脚跺地或用手拍打家具，一边跺脚一边打还一边说：“打死你，打死你，再叫你欺负我们小宝宝。”儿子看着妈妈的表演，慢慢就不哭了。这是一种引导孩子推卸责任的行为。通过这种引导，孩子从小就形成了把一切责任和后果推给别人，自己不承担任何过错的习惯性思维。于是，摔倒了是地的错，撞上了是家具的错，学习不好是老师的错，相处不好是邻居的错，工作不好是老板的错……最后所有的错都可以算到别人身上，所有的抱怨都可以发泄到别人身上，唯一没有错的就是自己。

很多人从小就养成了这种习惯性思维，因此我们很少看到周围的人有主动认错的习惯，很少听到有人说：“对不起，这是我的错。”由此这带来的最直接的后果是很多人严重缺乏责任心和承担责任的勇气，最后导致人们丧失了反思能力：既然不是我的错，我就不用承担责任；既然不是我的错，我就不需要反思。

反思是一种自我反省行为，只有在觉得自己做得不够好时才会反思。一个人没有反思能力无关紧要，受害的只有他自己。一批人没有反思能力就会互相指责，互相拆台，钩心斗角，到最后摧毁合作的团队，摧毁大家共同奋斗的事业。“三个和尚没水吃 ”的故事，“一个中国人是一条龙，三个中国人是一条虫 ”的说法，从侧面说明了中国人缺乏团队精神，缺乏承担责任的能力。如果一个民族缺乏反思能力，这个民族就是缺乏勇气的民族，就是接近堕落的民族。在报纸上曾读到，歹徒在长途汽车上侮辱妇女，一车人视而不见；或者掉下河的人已经快要淹死，会游泳的人非要让人掏钱才肯下河相救，这不禁让我浑身冒冷汗。

因此，教会孩子们从小承担责任，从小勇敢地面对生活，是中国父母和中国教育最重要的任务。这一任务比纯粹教给学生知识要重要一百倍。一个没有勇气承担责任的人，即使有再多的知识，也只配做奴才，绝没有资格当主人。

儿子在练习走路的过程中，还在不断地摔倒，不断地撞到家具上；但我已经禁止我爱人再以跺地、打家具的方式来安慰孩子，取而代之的是鼓励孩子自己爬起来，自己承担后果，并且使用让他变得勇敢的语言：“宝宝，自己爬起来！看，你一定能自己爬起来。宝宝不要哭，宝宝真勇敢，撞疼了也不哭，宝宝是最厉害的男子汉。”儿子在泪眼中，终于自己爬了起来，重新迈出了还不够稳健的步伐，但从这步伐中，我欣慰地看到了他新增的勇敢。

中篇

写给年轻人

中篇

[illegible]人

CHAPTER 4

第 4 章

80、90 后，胜过过去任何一代人

每一代人
都有自己的天下

每一代人都是时代的产物。

我们讨论80、90后与我们相比较的弱点在什么地方，上网搜一搜会看到评价说，90后是脑残或者是火星来的，其实这都是废话。

我们想想50后干了些什么？50后的境遇比80、90后糟糕很多倍。50后，尤其是早期的50后，是红卫兵一代，打砸抢的事情都干过，当然也有被打砸抢的。我们生活的时代的每一代人都打下了自己的烙印，每一代人也都有自己的事业和责任。现在中国的企业中最重要的很多人物不都是50后的吗？每一代人都是时代的产物，同时也会推动时代的进步。

我是60后，60后过得比较平淡，没有参加那场轰轰烈烈的运动，也没有现在80、90后的新锐生活和潇洒自由。平淡本身就有问题，其实我挺羡慕80、90后的生活。如果我们讨论80、90后的问题时，站在了60、70后的价值观上，我们是站在了相对成熟的角度上来看他们的日常行为、生活方式、道德水准和价值观。这是典型的“九斤老太”心态——看年轻人不顺眼。

60、70后也有很多问题，我们成长的过程中，缺点一点都不比80、90后少。现在我们60、70后成了政治和经济生活中唱主角的，就自认为我们比年青一代更强大，这是不妥的。新东方人的平均年龄也就是25岁左右，这群年轻人已经成了为新东方贡献价值的主体。

每一代人有每一代人的天下，我不是为80、90后说好话，他们身上有很多的问题，这些问题不是我们可以解决的，但我们也无须过多地担心，因为他们会在适应社会的过程中解决这些问题。

跟我们相比，80、90后在某些方面的能力比我们强，比如信息的接受能力、对社会的感知能力和对世界的了解，包括他们摆脱传统历史负担的能力。这些其实都是很重要的能力。另外，他们运用现代技术和现代信息手段为自己获取优势的能力也比我们60、70后强得多。我们常常说80、90后对中国的传统缺乏传承，但是他们的诗歌背得比我们少吗？文化是一个无形的浸润过程。他们的弱点体现在某些方面，他们在责任心、成熟度方面确实比我们这一代人晚熟一些。

我们从小就学会了吃苦，有责任心，洗衣做饭都是自己来，这些特点我认为都是好的习惯。但是我们不能因为80、90后吃不了苦、懒惰、自己不会洗衣做饭，就说他们比我们这一代人差很多。新一代人其实并不一定非要学做饭和洗衣服这些技能的，因为有时在饭店、食堂吃饭比自己做饭还要便宜，关键是可以利用省下来的做饭时间做更有创造性的事情。

社会结构在改变，社会服务体制在改变，我们不能要求80、90后和我们一样。这些孩子成长上有滞后的因素，比如对他人的心智感知水平、对社会的责任心、对他人的宽容度、团队合作精神等。另外，他们对于社会的黑暗现象和社会传统的忍受能力可能会比我们差一些。我们在18岁已经开始走向成熟，我们进了大学就很懂事，知道需要忍辱负重；现在的孩子要大学毕业以后才开始真正理解做人的不容易。同时，由于他们摆脱传统，轻装上阵，所以一年换两三份工作对80、90后是很正常的事情。现在很多企业都在抱怨80、90后不好管，其实关键在于我们怎样设立灵活的工作环境。面对80、90后的员工，企业不要用传统的思维去管理他们，不要单纯用纪律去压制这些孩子，而是要根据年轻人的特点调整工作环境、工作氛围和工作方法，要发挥他们的灵活性和创造力。

在评价80后、90后之前，请回答我一个问题："在你们心目中，成功的定义是什么？走向成功最需要的特征和品质是什么？"

中国社会对成功的定义是不明确的，因此导致了社会成员走向成功的路径不明确，也导致了我们向孩子们强调道德责任和价值体系时不明确。中国社会有那么多的不良风气和潜规则，社会成员走向成功到底需要什么特质？我们教育下一代时根本都不知道应该如何教育，社会体系中没有一套成型的东西，我们自己也没有，要求孩子们有更加高尚的东西是不可能的。我们现在需要做的是为孩子们做出榜样，而不是挑刺，我们做不到的不要去要求孩子们做到。

平等、诚实、善良、宽容、公正——这些普世的价值观在任何一个社会都会得到最高拥护。如果一个人拥有了这些东西，就拥有了人生的核武器。如果一个人想要成功，就把自己变成一个人人都相信你的人，如果你是一个值得大家信赖的人，你就可以信赖这个世界。你不背叛世界，世界就不会抛弃你。

80后，我为你唱赞歌

1980年，我踏进北大的校门，那年我18岁。

今天，在1980年到1989年之间出生的那一大批人，被称为80后。想想在我上大学的时候刚刚出生或者还没有出生的人，现在已经长大成人，我的第一个感觉就是自己老了。尽管从年龄上来说，四十多岁还不算老，做事情还算精力充沛，想问题也算头脑灵活，但站在80后面前，直接的感觉就是自己老了。

80后真是后生可畏，潜力巨大。他们已经在中国的历史舞台上崭露头角。从体育到音乐，从文学到科学，都已经出现了一些有代表性的人物，有些人甚至在世界上已经名声斐然，在未来一定会有更多的80后成为中国或世界举足轻重的人物，他们必然会为中国和世界各个领域的发展做出重大贡献。

媒体和社会曾经一度认为80后不仅仅会自己垮掉，也可能会成为使中国垮掉的一代。

80后大部分都是独生子女，他们被父母宠爱，以自我为中心，养成了被认为是自私的个性，不太顾及别人的利益和感受。这种个性如果存在于某一个人身上，对这个人的危害确实很大。但这种以自我为中心的个性，如果变成了一代人的共同特点，在整个社会中就会变成一种推动社会变革和进步的力量。

80后的这一代人，最大的缺点可能是以自我为中心，互相之间的相容性不够。但也恰恰是因为如此，所以他们敢于坦率直言他们的利益和需求，为了使彼此之间避免伤害，他们一定会寻找一种新的透明的社会分配机制和交往机制，达到让其中大部分人都满意的状态，这个过程也许要经历一些混乱和痛苦，但最终一定能够达到有秩序的状态。中国现在法律制度和社会保障制度的不断完善，和80后进入工作领域之后为了维护自己的权益而进行的努力有着密切的关系，我们不能不说这是一种社会的进步。

80后的一代人在中国改革开放的环境中长大。

改革开放最大的特点之一是向世界开放，开放的结果必然是互相流动，这主要体现在西方文化、社会习俗、甚至饮食习惯流进中国来，而中国人开始走出去，去留学、考察、观光、做贸易。我们不止一次听到有人说，中国学生出国留学是西方社会“收割”了中国的人才，但我们回顾一下历史就知道这种观点是多么错误。清朝闭关自守了近200年，也没有看到出了多少英雄人才，反而被西方社会打得没有还手之力。中国近百年的进步和发展，反而常常和留过学的人连在一起，从詹天佑到钱学森，从孙中山到邓小平，他们都是在海外受过教育的人，回到中国，为祖国带来了新科技和新思想。

中国文化在世界文化融合的刺激下，正在以强势的上升态势发展，就在西方文化进入中国的同时，中国文化越来越受到人们的重视和应用。而且中国人民对于世界的心态十分开放，因此可以预料，未来世界上文化最繁荣、最有活力的地方之一一定是在中国。

以上所描述的一切需要什么样的人来完成呢？恰恰是80后。

80后没有太多的历史负担，从而可以轻装上阵，在变革自己的同时变革社会，比起我们更加容易走向世界和接纳世界。也许刚开始时我们会看到泥沙俱下的状态，因此生出很多担心，但这正像大江奔流，一定会浊浪滚滚，但一旦流入宽广的大海，必将会出现蓝天碧海的局面。

80后是喜欢问为什么并怀疑一切存在的一代，他们在寻找这些存在背后的合理性，如果发现不了合理性，他们就会按照自己的理性来重建秩序。向权威挑战几乎成了80后的一个典型特征：用超女来覆盖传统端庄的正统歌手，用退学来对抗积极好学的学生形象，用自我来颠覆隐忍退让的社会态度，用创业来否定陈旧的择业观……所有这一切让我们感到不舒服的同时，又不得不羡慕他们。

大家都害怕80后没有吃苦精神，面对失败不能承受，可是我看到很多80后，在创业失败后却一甩头轻松走开，又开始了新的创业历程。他们甚至不允许自己看上去像个失败者，常常在老板炒他们鱿鱼之前，他们就炒了老板的鱿鱼，表面上的薄情恰恰证明了他们在轻装上阵、快速前进。

尽管我作为老板之一也被80后炒过鱿鱼，但我仍然要对80后唱赞歌。我从他们身上看到了我正在失去的青春活力，看到了另一种未来的大气和轻松，看到了我们缺少的挑战精神和创新精神，看到了中华民族未来的新秩序和新文化。

我也不否认80后身上有很多缺点，有些缺点就个人而言甚至是致命的、无耻的。比如他们中间有些人自私、脆弱、浪费，甚至无耻地啃老，但这样的情况在哪一代人身上没有或多或少地存在呢？

在他们成长的过程中，经过洗礼、淘汰，我相信80后整体上会比我们过去的任何一代人都更加健康向上地成长和发展。

毕业了为什么找不到工作?

我的中小学时代正赶上“四人帮”时期，什么书本知识都没学到，导致我现在知识还很贫乏。但我们当时学习有一个好处，就是不用考试，上大学是工农兵学员，只要贫下中农推荐就行了，所以我们就用很多时间去参加劳动，天天和贫下中农打交道，养成了很好的个性和劳动习惯，我还变成了插秧能手。当然，缺点是到 1978 年国家恢复高考时，以我们的知识水平根本就不可能考大学，所以我是一边干农活一边复习考试的。

中国大学生毕业后 30%找不到工作，是他们的专业知识不合格吗?

肯定不是。

每年到新东方来应聘当老师、当工作人员、当管理人员的大学生有很多，但新东方最多能留下五分之一。考查一个人是否能成为合格的雇员，不仅仅要考查他的专业知识，还要考查他的人品、人格，考查他的动手能力，考查他的交流能力和合作能力。说话的语气和面部的表情，也是考查的重要因素。

一个人所学的知识尽管很多，但却缺乏把知识转化为生产力的能力，就会出现很糟糕的局面，就会找不到工作。

我举个例子，有一个哈佛大学商学院毕业的中国学生回到中国去工作，被一家很有名的中国企业所用，给了很好的待遇。但两个月后，他就被该企业辞退了。我问该企业的老板为什么要辞退他，老板的理由是：太书呆子气，书本知识浓厚，实践经验不足，毛病挑出一大堆，解决问题的能力没有。这个人没有在中国社会进行过任何的实际操作，没有在成长过程中经受过风吹雨打，最后产生的结果是整天用哈佛理论和案例套那个企业，把那个企业说得一无是处。老板也被他批得天天睡不着觉，老觉得自己太落后，该挨打，该枪毙。当然老板不会枪毙自己，那就把他“枪毙”掉。他在公司，觉得每个人都很落后，每个人都很愚昧，结果弄得大家都心惊胆战的，最后联合起来对付他，把他给“驱逐”了出去。

在现实生活中，你是交不到没有缺点的朋友的。你身上有缺点不可怕，很多缺点实际上对你来说是有好处的，因为你有了缺点，才会显得更可爱，任何一个人走到你的面前才会觉得你亲切。一个人最可怕的是在指出别人缺点的时候却看不到自己的缺点。就像这个商学院的毕业生，在指责别人的同时，自己正在犯着一个最致命的错误，这个错误就是他容不下身边的任何一个人。那么别人还能容得下他吗？

我们是生活在现实社会中的，现实社会就有各种各样的毛病，你得学会先接受这些毛病，再去想办法改正这些毛病。中国社会正在变革之中。10年前，我们谈论着理想和未来；现在，我们谈论最多的是创业和工作。你听到最多的就是怎么找工作，怎么活，找到了什么工作。在中国，根据自己能力的不同和个性的不同，每个人都应该能找到适合自己的工作。

离开校园后
要随身携带5种能力

我把社会所需要的能力分成了几种，分别是：天然能力、劳动能力、技术能力、研究创新能力、管理和领导能力。

这几种能力没有高下之分，只有分工的不同。任何一种能力都是人类世界所不可缺少的，一个人可以拥有以上各种能力，也可以只拥有一种能力，都能使自己活得很好。拥有一种能力还是几种能力和一个人的生活质量没有任何必然联系。

首先是天然能力。

天然能力就是天生带来的一种能力，比如你身高两米以上就能够去打篮球，嗓子很好就能够去唱歌。长得漂亮也是一种天然能力，世界上就有很多美人运用自己的美貌影响了整个世界的历史。开发自己的天然能力，利用自己的天然能力，就能使自己更快获得成功。但一个人的自然能力是需要天赐的，光靠后天的努力是不行的。

说到外表和容貌，我还要多说一句，请记住在这个世界上永远不要以外表来判断人。

一个人外表美丽或英俊自然是一件好事，使别人第一眼对你有个好印象。但最终人们是不是喜欢你和尊重你，不是用外表来判断的，而是根据你的气质、风度、思想、学识和智慧来判断的。人类相互之间的兴趣和尊重来自于内心世界的伟大和由此产生的谅解能力和领悟能力。

就女孩子而言，也许外表一开始会重要一些，所以要更注重一下自己的打扮，但最后也是以气质和心灵服人。中国的很多女孩子都觉得自己长得不好看，其实你稍微打扮一下，有点儿自信，开朗一点儿，见到人就微笑，就是最迷人的女孩。如果你老是板着脸，老是斜着眼看人，老是不打扮自己，头发乱七八糟的，衣服乱七八糟的，谁会喜欢你呢？这个世界永远喜欢干净、整洁和漂亮的人。所以自然能力也包括了对自己修饰打扮的能力。但不管你怎样注意，外表都不可能一辈子当饭吃。像我们这样的人，就只能靠劳动能力或技术能力来养活自己。

其次是劳动能力。

劳动能力和技术能力相差不远，劳动能力意味着你在什么技术都没有的情况下依然可以通过自己的劳动活下去的能力。比如在中国的广大农村地区，10亿农民过着面朝黄土背朝天的农耕生活，靠种地活着，在不需要太多农业科技的前提下，种地就是简单的劳动，劳动了就能活，不劳动者不得食，这个道理很简单。

在新东方，我最尊敬的人之一就是在新东方打扫卫生间的一个人。他所打扫的四个卫生间，几乎看不到一点儿脏东西。在打扫卫生间的几个人中，他的工资最高。

劳动能力的背后是认真精神和敬业精神，这些东西加起来就会使你拥有一份美好的工作，拥有一份愉快的心情。哪个老板都不会开除一个工作做得很好的人。不管做什么工作，一个人的工作只有做到别人所没法替代的程度才能算是工作成功了。如果你现在去某个饭店打工，能做到你所服务的几个桌子，每个桌子都干干净净，每个顾客都很满意，服务周到、尽善尽美，老板能不要你吗？顾客能不给你小费吗？你去厨房切菜，能切得非常利落，老板能不给你更高的工资吗？这种简单的劳动能力理论上每个人都应该有，但一定有人从来没有认真地劳动过，因为懒惰是人的天性，需要通过人的自觉努力才会克服。

第三是技术能力。

世界上工作的分工越来越细，很多工作的技术含量越来越高，这就需要参与工作的人有一定的技术能力。并不是你有了技术就必然能找到工作。只有你的技术比别人更高明的时候，你才能找得到你想要的工作。你的技术好了以后，剩下来就是你愿意为谁工作的问题，而不是人家给不给你工作的问题。

新东方招电脑系统的管理员，负责整个新东方大楼的电脑系统维护。我们的薪酬在同类工作中很有优势，所以来应聘的人很多。我们的考核方法是故意把几个计算机弄出几个问题，然后让应聘的人去解决问题，看谁能第一个把障碍排除。经过几轮淘汰后，最后留下的那个人肯定是技术最好的。然后我们再看看这个人个性是否随和，是否有合作精神，是否敬业，然后就录用了。所以，一个人的技术水平越高，就越能得到工作，“三百六十行，行行出状元”。

前面我们说到做饭，实际上厨师就是技术工作，厨师做到了家，尤其是做中国菜，那就是一门艺术。即使是艺术，有时也只能算是一种技术。比如在纽约街头绘画的人，他们并不是在创造艺术，而是在依靠自己的绘画手艺吃饭。我认识的一个弹钢琴的人，钢琴弹得十分熟练，手放在钢琴上根本就不用想，如行云流水一般。但我只把他的这种能力看作一种技术，因为他没有创作过任何伟大的钢琴曲，只是在不断重复别人所创造出来的曲子。但他靠这个技术走到哪儿都不会饿死，到任何一家五星级饭店去弹钢琴，一晚上200元人民币，一个月照样能挣6000元人民币。所以拥有一门非常熟练的技术是一个人生存的基本保证。

什么是天才？天才就是你把一件事做到无比熟练的程度，以至于全世界没有任何人能超过你的时候，你就是该领域的天才。中国古代有个故事，说的是一个木匠做轮子，什么尺子都不要，用斧子劈里啪啦一削，圆圆的轮子就出来了。赵王看得很入迷，不知道这种得心应手的技术是怎么来的，就问这个木匠是怎么回事。这个木匠说，就是这样几十年砍出来的。赵王就问他："你这样的技术能否传授给你的儿子呢？"木匠说："永远不可能的，因为这已经到达了'道'的境界，只能意会不能言传，所以就没法传给儿子了。"如果我们能把一门技术学到"道"的境界，那该有多好啊。即使达不到"道"的境界，也至少要达到熟练的境界。掌握生存技术，摆脱贫困之苦，对我们的生命是十分重要的。

我自己就曾意识到，我原来的生活之所以贫困，是因为我没有技能。我在北大从1985年开始教书，一直教到1991年。但我那时的英文水平其实很糟，反正在北大上公共英语，也没有人来评判我的英语水平。后来我为了挣钱，在外面培训部教书时，发现自己不受学生欢迎，才意识到我的英语水平和教学水平有多差。我的口语几乎是说不出来的，说出来也没法听。所以我就下了狠心拼命学习，把自己的英语水平提高了很多。在此基础上，我专攻词汇，终于在词汇方面有了一技之长。我在新东方开始教书，就是从教词汇开始的，教词汇记忆法。所以教GRE，我如鱼得水。GRE考的就是词汇，一万个单词怎样在三个月内背下来，这是我最基本的教学内容，也是我谋生吃饭的根本。自从我的教学受学生欢迎之后，我的生活质量有了本质的改变。我在北大教书时，每次出去买菜都会买死掉的鱼，因为死鱼的价格比活鱼便宜一半以上。但有了一定的经济收入后，我的眼睛就投向了活鱼缸。买完活鱼回家，给自己的家人做个鲜美的鱼汤。从此家庭生活就开始改变了。可见，拥有一门技术是十分重要的。

第四是创新能力。

研究、创新能力就是用自己拥有的技术去解决别人还没有解决的问题的能力。它和技术能力的区别是：技术能力是一种熟练的重复，而研究、创新是一种创造。如果陈景润只是重复别人所演算过的数学题，就是技术，如果他演算出了哥德巴赫猜想，就是研究、创新。我们都在钻研，但我们不少人都在重复别人的技术，把别人做过的事情再做一遍，这是模仿。创新能力是一种很伟大的能力，因为它是一种突破，所以需要一个人有创新的思维和创新的激情。创新能力往往是一种自我悟性，是对原有知识体系和自我能力的一种突破。

第五是管理和领导能力。

管理能力和上面所说的其他能力没有必然的联系。所谓的管理能力，是指一个人有能力把一帮人聚集起来一起把一件事情做好。管理能力主要体现在对做事情的计划、程序和结果的控制能力上。这需要这个人有一定的专业知识，但更重要的是协调别人做事的能力。一个人的管理能力并不是一开始就有的，而是通过实践不断地学习和摸索出来的。

我在做新东方以前只是一个老师，在做新东方以后开始慢慢学习做管理。先从一个人管起，后来新东方的工作人员越来越多，我就不得不提高自己的管理能力，吃了很多苦，但也有很多收获。现在新东方已经有了近两千名员工，我还在尽力而为地做着管理工作。

只要个性开朗，做事有条理，有合作精神，愿意比别人更多地付出，每个人都有可能成为优秀的管理者。

有一个日本的MBA毕业生进入一个公司干活的时候，认为自己能力很强，结果老板给他分配的工作是办公室的杂活儿，擦桌子啊，整理文件啊，很小的活。人家是MBA毕业生啊，所以感到很委屈。过了两个月老板也根本不理他，他就决定辞职。辞职前他到另外一个朋友家去聊天。这个朋友碰巧是个老板，知道老板对员工的心态，所以就说："你再干三个月，这三个月你什么也别计较。我知道你有能力，再主动一点儿，把文件做得再漂亮一点儿，主动完成老板交给你的各种工作，把办公室收拾得干净、漂亮、更有创意一点儿。主动帮助办公室的其他人做一些事情，在各方面都关心他们一下。三个月内不要去抱怨你的工资，不要抱怨任何事情，微笑着工作。三个月后如果老板看不到你的努力，就算老板瞎了眼，你再辞职出来！如果现在你什么工作都没干好，就想让老板欣赏你，是不可能的事。"这个家伙听了觉得有道理，所以就拼命干了三个月，特别主动积极，把什么事情都做得井井有条，把每一份文件都做得极其漂亮。三个月后，老板把他提升为办公室主任，工资涨了一倍。10年后他就变成了这个公司的总裁。

其实成功的诀窍很简单，但我们有多少人掌握了这样的做事诀窍呢？管理能力达到一定水平，就应该成为管理者，成为管理者就必须要有领导能力。管理是一种程序，领导是一种艺术。

领导能力的定义，迄今为止没有比刘邦所下的定义更加好的了。当刘邦的手下问他为什么面对项羽这样的对手，还能打下天下时，刘邦说了这段话："夫运筹帷幄之中，决胜千里之外，吾不如子房；镇国家，抚百姓，给饷馈，不绝粮道，吾不如萧何；连百万之众，战必胜，攻必取，吾不如韩信。此三者皆人杰也，吾能用之，此吾所以取天下也。项羽有一范增而不能用，此所以为我擒也。"

刘邦这段话是对领导能力的重要总结，其中包含了领导能力的三大要素。

第一是作为管理者的个人魅力和自信。根据刘邦自己所言，他在各方面都不如张良、萧何、韩信，但这三个人都愿意跟他走，听他的调度和指挥，如果他没有个人魅力和自信，他是绝对不可能指挥他们打天下的。因此，刘邦首先是个有雄才大略的人，能用未来去激励跟随他一起打天下的人。

第二是刘邦知道打天下绝非一人就能为之的事情，所以必须要有一个强大的团队，必须能够利用别人的力量，来达到自己的目的。因此，可以说从一开始，刘邦就知道项羽必然会败在他的手下。项羽虽然有扛鼎之力，但却只有妇人之仁，心胸狭窄，容不得人。

第三是刘邦知人善用，他不但能用人，而且能够看出每个人的长处，把人放在正确的位置上，用人用得恰到好处。试想一下，要是让萧何带兵，韩信管粮，最后会是一种什么情况？

不具备以上三种能力的人很难成为真正的管理者。

每个人都要、每个人都应该认真分析一下自己到底具备什么样的能力，应该向什么方向去努力。能力是通过不断的学习和实践而提高的。如果你只是坐在家里空想着成功，你 辈了也成功不了。你必须面对变化的社会，根据社会的变化不断地改变自己，不断地更新自己，才能不断地提升自己的能力，取得成功和幸福。

在变化的世界里改变自己

讲到“变化”，以及什么叫改变自己，我就是一个很好的例子。

有的人改变生活道路是主动的，有的人是被动的，我就是被迫改变了我的生活道路。

尽管我当初是被动地离开了北大，但今天我的每一个决定，每一次改变，都是主动的选择。我已经从一个被动的人转变成了主动的人。一个主动的人是能更好地掌握自己命运的人。

有一本书叫《谁动了我的奶酪?》(Who Moved My Cheese?)，在北美发行了1000万册，在中国短短的几个星期销售量就达到了200万册。这是一本薄薄的书，是一个小小的寓言故事，为什么销量会这么大呢?

故事讲的是两只小老鼠和两个小矮人。两只小老鼠，一个叫匆匆，一个叫嗅嗅；两个小矮人，一个叫哼哼，一个叫唧唧。两只小老鼠和两个小矮人，一起出发到迷宫中去找奶酪，他们确定迷宫中有奶酪，但在哪里谁都不知道。

他们找啊找啊，找了很长时间，经过了很多困苦，终于在迷宫中的一个房子里找到了奶酪。大家非常高兴地一起分享这些奶酪，一起吃了很多天。突然有一天早上他们发现奶酪完全没有了。是丢了？还是被人偷走了、抢走了、拿走了？还是被谁藏起来了？还是被他们其中的一个偷吃掉了？谁都说不明白。但事实是奶酪没了。面对这一事实，两只小老鼠和两个小矮人都做出了不同的反应。两只小老鼠的反应速度最快，觉得问题很简单，既然没有了奶酪，就必然要去找新的奶酪，在这没有奶酪的房间里耗时间一点儿意义都没有。于是两只小老鼠背上包又出发去找新的奶酪了，后来终于又找到新的奶酪。哼哼和唧唧这两个小矮人就不一样了。人的头脑比较复杂，就在那里反复思考为什么奶酪会没有了，会不会有一天奶酪会重新出现？觉得这个世界怎么会那么不公平，好不容易找到一点儿奶酪，还没怎么吃就没有了。他们费尽心思，想要找到丢失的奶酪，但一无所获。唧唧到最后终于明白，奶酪肯定没有了，再不找新的奶酪就会被饿死，于是下定决心也去寻找新的奶酪。经过了很多艰苦的努力，最后也和两只小老鼠一样，找到了新的奶酪。而那个叫哼哼的人就待在老地方，天天抱怨世界对他的不公平，天天刨地挖墙脚，最后一无所获。

这个故事想要说明的是，当一个人面对变化时，应该采取什么样的行动。当你发现本来拥有的东西已经没有了的时候，必须赶快去寻找新的东西。我们在生活中常常不愿意承认这样一个事实，就是我们正在过着的生活已经变成了一座被挖空了的金矿，尽管原来我们有所收获，但现在我们必须改变，否则我们从此将终生一无所获。

请你抛开过去，走向未来，未来尽管不确定，但一定有新的东西在等着你。世界上的机会是无穷无尽的，你找到机会的可能性也是无穷无尽的。但只要你停止努力，你的生命就会萎缩。

1991 年，我从北大被踹出来，感觉就像掉进了冰窟窿一样。北大第二天就把我住的房子收回去了，我从北大出来时没有钱，没有房子住。怎么办呢？

人被逼到一定程度，就会出现勇气和智慧，就会由被动转化为主动。

像我这样一个北大的门都很少出的人，居然一下子鼓足了勇气，跑到北大周围的农村去找房子。北大的西边有一个叫六郎庄的地方，据说是当年杨六郎抗金的地方。我到这个村里转悠，终于找到一家愿意租房子的农民，谈好了每月房租50块左右。那时的50元是相当大的一笔开支。我当时在北大的工资是120元一个月。谈完后，我发现房东家有个孩子在做作业。我想我可以和房东做个交换，如果我辅导孩子作业，也许房租就能免了。我就和房东说，我把你的孩子辅导到全班前10名，你能不能免了我的房租，没想到他很爽快就答应了，因为他家并不十分贫困，不至于等着房租来下锅，而孩子的教育比房租要重要得多。我在他家住了一年半，我每天晚上出去上课，我妻子辅导他的儿子，结果把他儿子辅导到了全班前5名。后来我们要搬走时，这对农民夫妻死活不让我们搬，说要让我们住正房，继续辅导孩子。当然后来我们还是搬走了，但两家人从此变成了好朋友。

这件事说明了两点：第一，只要有勇气，就能找到机会；第二，天无绝人之路，一个人再困难也会有出路。

现在的年轻人面临各种各样的问题，只要记住我上面所说的两点，生活就一定会慢慢好起来。相信自己，相信自己能够走出困境，相信自己能够创造财富和成就，相信别人能做到的事情自己也能做到，相信这个世界依然是光明灿烂的。另外，我们一定要深入社会、了解别人。

一个人最可怕的黑暗是内心的黑暗，一个人最可怕的灵魂是封闭的灵魂，一个人最绝望的状态是失去对别人的信任。只有主动地去了解别人，和别人交朋友，我们才会有更光明的生活和更多的机会。

少一点疑虑，多一点信任

我这里有两句话年轻人一定要记住。第一句是：Don’t wait to be loved，to love. 第二句是：Don’t wait to have a good job，to start to work. 这两句话包含了几层意思：一是我们要有自信，相信我们能够爱别人，相信我们能够把工作做好；二是我们所拥有的东西一定是主动地获得的，只有我们爱了别人，别人才会爱我们，只有我们做出了好工作，我们才会拥有好工作；三是世界是美好的，我们要对世界充满信心，因为我们爱了别人，别人必然会爱我们，我们做好了工作，一定会被别人承认。

有人说，我爱了别人，别人不爱我；我做好了工作，别人不理我怎么办？这依然是你的心态不对。做任何事情都希望得到即时的回报，这是一种自私，是一种没有远见的心态。一个急功近利的人是没有人会喜欢的。我们要有一个正确的心态，生活中有好多事情是你的心态正确了，事情才能做正确，生活才能向好的方向改变。

有一个佛教故事，讲的是六祖慧能有一次来到岭南的一个寺庙，寺庙里正在举行佛事活动，旗幡飘扬。慧能听到两个和尚在讨论旗幡为什么会动，一个和尚说，这是旗子在动；另一个和尚说，这哪是旗子在动，明明是风吹动了旗幡。六祖慧能接过话茬儿说，这既不是旗动，也不是风动，而是你们的心在动。这个故事说明了如果人心动了，外界的一切都会随之改变。

我们觉得这个世界浮躁，是因为我们的心浮躁；我们觉得这个世界平庸，是因为我们的心平庸。只要改变了心态，我们的生活就会不一样。我自己就是很好的例子。过去，我一直认为自己是个 loser（失败者）。高考考了三年才考上，我是个 loser；进了大学没有一个女孩爱上过我，我是个 loser；大学三年级得了肺结核，我是个 loser；在北大教了 7 年书没有什么成就，我还是个 loser；在北大 10 年没参加过任何活动、任何团体，我是个 loser；被北大开除出来无处安身，我更是个 loser。在 30 岁以前，我几乎从来没有尝到过成功的喜悦，我的自信心被现实不断地摧毁。后来我到外语培训部去上课，不断努力提高自己的上课水平，终于逐渐在课堂上、在学生的眼神中找回了一点儿自信。当我对培训越来越有兴趣的时候，我就下决心做自己的学校。在做学校的过程中，在和别人打交道的过程中，不断地失败，不断地成功，又不断地失败，再不断地成功。在这种过程中造就了我自己坚韧不拔的性格。

我的好朋友王强曾这样评价过我：俞敏洪像芦苇一样坚韧！意思是我的性格尽管柔韧，但却不容易屈服。后来我发现，我周围许多成功人士的个性里都有着非常柔和、非常刚强的两面性。

在这个世界上，我们要少一点儿胆怯，多一点儿勇气；少一点儿自卑，多一点儿自信；少一点儿疑虑，多一点儿信任。多相信世界一点儿，多相信别人一点儿，对自己没有什么坏处。

当然，相信别人的前提是首先要相信你自己的判断力，判断所交往的朋友对自己有无好处，所处的环境对自己有无好处。但我们必须对这个世界表示信任，否则我们会寸步难行。

读书只是做事的准备状态

人们往往会在人生道路上为自己设置前进的障碍。一个人不能取得成功的原因有很多，例如学历不高、技能不够、长相不好等等，但成功最大的障碍是一个人对事物的看法和心态。

生活中很多东西都是自己设定的障碍。

很多人一开始自己就认为这个不行，那个不行，或者认为这个不吉利，那个不吉利，这样你的意识和潜意识都会挡住你去做事情。我自己就把自己挡住了很多年，后来解放自己之后，才有了一点点做事的感觉。任何人都不可能先学会了做事情再去做事情，而是一定先把事情做起来，才能从中间学到东西。只有当你真正去解决问题的时候，你才进入了做事的境界，才开始锻炼自己的能力。

读书只是你做事的一种准备状态，任何时候，读书都不能使你的人生走向完美或成熟。有的人活到了 90 岁，除了年龄什么也没有得到，有的人并不长寿，却为世界留下了丰功伟绩，像亚历山大大帝，30岁去世时就把希腊文明的种子带到了全世界。

生命的质量没有办法用时间来衡量，我们所希望的是我们越老越有智慧，活得越开朗，同时希望老了依然能对人类有所贡献。著名的中国文化研究专家南怀瑾就是个例子。他专门研究《老子》《庄子》《论语》以及佛学，并且把自己的体会和领悟讲给别人听，读他的书常常使人有豁然开朗的感觉。但他并不是一个书呆子，在年轻时，他经历了很多人生苦难，在迷茫之中不断地摸索，达到了一种领悟境界。他这一辈子要比我们活得丰富得多！

用努力
赢得自尊

人们为了生存，首先追求的一定是物质的东西，衣食足而知荣辱，精神的东西一定是在物质基本满足的情况下才会去追求。当然，什么叫物质满足，每个人都有不同的标准，反正最低标准是能活下去。

用自己的力量获取财富是人类最崇高的目标之一。在获取财富的同时，我们也必须获得自尊。自尊在于你光荣地获得财富，而不是卑鄙地获得财富。比如你到外面去抢，那是没有自尊的。

有人说成功的人是运气好。其实是错的，至少我所看到的成功的人，都不是靠运气，而是靠自己的努力取得了成功。如果说是运气好，那叫偶然，捡到一万美金是运气，但花完了就没了，所以不叫成功，也不会增强一个人的自尊。

在我周围有一些人是高官子弟，他们一生出来嘴里就含着糖。他们不需要拼命奋斗来获得在这个社会上哪怕一点点的地位。我曾经羡慕过他们，特别是当我不成功时。

我在北大读书时，周围就有部长们的孩子，他们好像过得很顺利，但他们缺乏很多东西，缺乏人生奋斗的智慧，缺乏接受挫折和失败的能力。所以，他们一旦遇到困难，往往措手不及。有时候，他们曾经拥有的东西还会在一夜之间就消失。

我知道的一个高官子弟，家里有很多很多钱，这些钱都来路不正。他靠着父母过得很舒服，大学毕业后娶了一个很好的老婆，还生了一个可爱聪明的孩子。这个家开始生活得很幸福。但是有一天他的父亲突然出事了，大家都明白在中国出事意味着什么。一夜之间这个家就分崩离析，家里所有东西都被没收了，他什么都没有了，所有的朋友都不再来找他了，他老婆也在三个月后带着儿子跑到了美国，再也不回去了，连离婚都懒得离。半年后，这个人就精神失常进了精神病院。他为什么不能承受这种打击呢？因为他从小就很顺利，顺利到了我们普通老百姓都很羡慕的程度。

我曾经也羡慕过这样的人。我曾经觉得我怎么就那么苦，父母连一个字都不认识，一分钱都没有，为什么世界那么不公平，他们就那么有钱，那么自在，当全中国人民都还没有 walkman 的时候，他们的 walkman 已经挂在了身上，当全中国人民都坐不上汽车的时候，他们居然是奔驰车接送。但是，现在我不再羡慕了，我相信，这个世界对任何一个人都是公平的，世界上任何人的努力都是有回报的，没有经过努力得到的东西永远不属于你自己。

用能力
创造财富

世界上没有人可以靠着父母或别人一辈子活下去。

一个人只有明白了财富必须通过自己的努力才能得到，才能真正拥有财富。生在一个富有的家庭是你的运气，但运气不可能持续一辈子，能帮助你并持续一辈子的东西是你个人的能力。

个人能力的证明体现在追求两种东西的能力上，一种是有形的东西，一种是无形的东西。在这个世界上，追求有形的东西常常更有吸引力，比如有一个美女在你面前，你就很想追，因为有直观上的吸引力。但要让你追求美本身，就要难得多，因为那是抽象的东西。财富是有形的东西，你肯定也想要。追求这些有形的东西是人类重大的目标之一，只要是正当的获得，也是十分崇高的。而且在对有形东西的实现过程中也体现了我们的无形价值。

有形的东西在一定意义上会给我们带来自尊和骄傲，而自尊的体面生活表明你比其他人过得更好。但如果一个人只追求物质生活，而没有任何精神上和灵魂上的追求，人的一辈子就会过得既不充实又不划算。

被物质所奴役的人就像被戴上了鼻环的牛一样，永远失去了在人生的原野上奔跑的机会。像《醒世恒言》中的那个老头，在死的时候，因为有两根灯草点着还不愿意死掉，非要把一根灯草吹灭才死去；像法国作家巴尔扎克小说里的葛朗台，满屋的金银放在那儿，可就是因为一根蜡烛点着就不肯死去。这样的人，就是被物质所奴役的人。

真诚的微笑是你无形的资产

我碰到不少人说中国人好像不太会笑。

我们中国人愁眉苦脸的时候比满面笑容的时候要多。其实，不是中国人不想笑，而是我们笑不起来。为什么呢？我们太长时间生活在压抑之中、生活在太沉重的文化负担之中、生活在人多的贫困之中、生活在太多的无用的压制性教育之中，以至于即使到了美国、加拿大等开放的环境中，依然感到很沉重，额头上依然布满了皱纹。

这似乎已经成了一种习惯，我自己就是满脸苦相，没有办法。我想甜蜜地微笑，但就是笑不起来，一笑就变成了苦笑，因为在我背后有一个太沉重的中国，留给我太沉重的文化。

但真诚的微笑是如此重要，它简直就是我们成功的敲门砖。

你微笑的时候，对方看到的是一种精神体现，是一种友好和亲切。你笑得好看一点儿，或者笑得灿烂一点儿，你生活中可能就会出现很多好的朋友，而任何一个朋友给你的帮助可能是无穷无尽的。所以即使我们的苦难再深重，我们也要学会真诚地微笑。

我现在跟西方人打交道比较多了，特别是我们在北美有很多合作，我在跟西方人打交道的时候就注意观察他们的言行，他们看到陌生人以后的微笑、态度以及讲话的技巧。中国人有时候是习惯性粗鲁，比如我们在饭店吃饭，常常会对服务员说："我点的菜怎么还没来？"这在中国似乎很正常，你感觉不到粗鲁，服务员也不一定在乎。但到了这里你就有感觉了，你肯定不会直接说："为什么我点的菜还没有上？"因为这样太粗鲁了。你首先应该说："您好！"完了之后，你一定会面带微笑、语调轻柔地再往下说："请问可以稍微快点上菜吗？"

微笑和友好的态度是你拥有的最重要的无形资产。所谓无形资产就是你不需要花钱就能拥有的东西，不需要花钱就能和别人进行交换的东西。比如你的诚信，就是和人做生意时最重要的无形资产。而微笑留在了你的脸上，温暖就留在了别人的心里。

我们中国人的天性是不太开朗的，所以好像老是有心事的样子。心态决定着我们每天生活的质量。我们拥有的东西其实比我们想象的要多得多。比如和残疾人相比，我们就拥有健全的眼睛、健全的耳朵、健全的双腿、健全的头脑，所有这一切都构成了你未来成功的基本保证。

很多美好的东西就在我们周围，就在我们身上，但我们却习以为常，不以为然，反而把我们所面临的困难和麻烦成倍地放大，使自己变得愁眉不展，变得越来越自卑。自卑的结果是否定自己，自我否定再加否定，只会越来越否定，不会变成肯定，只是在辩证哲学中，否定之否定才会变成肯定。因为哲学意义上你否定过去的思想意味着你思想的进步，但在人生意义上你一再否定自己就变成了你一无是处，你是一个彻头彻尾的失败者。

要把自己当人看

一个人如果想成功，首先要肯定自己。

那怎么肯定呢？

以我自己为例吧，我就花了很长的时间才从自我否定走向了自我肯定。我在北大上学的时候就感到特别自卑，没跟任何女孩子说过话、谈过恋爱，实际上我到今天还对女孩子常常敬而远之，失去了很多和女孩子交流思想的机会。为什么会这样呢？就是太自卑了，觉得自己没有学识、知识浅薄、长得难看、土里土气，总之，觉得自己没有一点长处。所以，在大学的时候我看到漂亮女孩就发抖。你要知道，追求女孩的前提条件一定是自信。

大学里追求的东西一般有三种：知识、友谊和爱情。我在大学对知识和友谊的追求还是可以的，但在爱情上是一片空白。北大几乎所有的女孩子都是从城里来的，对于一个像我这样刚从农村来到城市的小农民，每一个女孩子都长得像天仙一样，天仙是只能远看不能近瞧的。因此，只要我一想起和女孩子打交道，就会想起一连串的恐怖场面。比如我要是跟某个女孩说“I love you”，她是不是会给我一个耳光，会不会把我骂得半死。骂我没关系，打我也没关系，不答应我也没关系，但是更加恐怖的是，她会不会到全班同学面前去说：“俞敏洪那头猪，居然还敢追我！”我越想越恐怖，越恐怖就越不敢去做，因此美好的青春恋爱岁月就这样给耽误了。

把一件事情想象得太恐怖了，你就再也不敢去做这件事情了。

有一个小故事很能说明这个问题。有一只小老鼠兴奋地跑来对大老鼠说：“好消息！狮子把猫逮住了，我们都可以出去玩了。”大老鼠说：“你不用这样高兴，如果这两个家伙打起来，狮子是一定会送命的，再也没有比老猫更强大的了。”这个故事很能说明恐怖给人带来的威慑作用。

当你的实际能力是10分，却把自己贬低到了零分，这个世界就不再会为你而存在了，因为你太不把自己当人看了。不把自己当人看的人，别人也不会把你当人看。当然，如果你实际能力是10分，却把自己看得过高，看到20分的时候，这个世界也同样不再为你而存在了，因为你把自己看得太高了，明明是只猫，偏偏把自己看成是狮子，这样的人是属于没有自知之明的人，谁也不愿意和缺乏自知之明的人打交道。

因此，一个人对自己有正确的评估，并且根据正确的评估去做事情是十分重要的。如果你本身是10分，你可以把自己提高到12分，也可以把自己降到8分，不要太低估自己，也不要太高估自己，这样就没有问题了。低估太多，会使自己失去无数机会；高估太多，就会爬得越高摔得越重。

CHAPTER 5

第 5 章

为自己积累比钱更重要的人生资本

耐力：跑得快不如跑得久

有的时候你会发现你低着头一直往前走，就会不知不觉超越目标。我至今记得当我拿到北大录取通知书的时候，先是仰天大笑然后号啕大哭，跟范进中举一样。如果没有当时的坚持，也许我现在仍然只是一个农民。

当时我们村有个人跟我一样考了两年，我跟他说一起考第三年吧，但他的母亲说别考了，找个女人结婚算了，我跟我妈说让我再考一年，结果第三年我真的考上了。因此我得出两个结论：第一，人必须往前跑，不一定要跑得快，但是要跑得久；第二，不能停下来，你不能三天打鱼两天晒网，要持之以恒。

我从参加高考那天开始到今天，没有一天懒惰过，现在每天依然要工作近16个小时。龟兔赛跑的故事在生活中也经常会有体现。跑得快的人往往会停下来，而跑得慢的人不能因为慢就不跑。只要跑，早晚会到达你所向往的终点。

有一次，一个朋友问我马和骆驼谁一辈子走得更远。我觉得一定是马，他说我的答案是错误的，骆驼走的路要比马多。原因是，马跑一会儿就会停下来，而坚持目标，一路远行正是骆驼的特点，骆驼一旦开始走，如果不让它停，它是不会停的。

一个聪明的人一辈子所创造的成就不一定比一个笨的人所创造的多，因为笨的人每天都在创造，而聪明的人可能创造一段时间会停下，即便是爱因斯坦这种超级天才，小时候也被认为是个白痴。爱因斯坦 9 岁才会说话，还好他有个好妈妈一直认为他是个天才。所以当我的儿子到 4 岁时还不会说话，我老婆着急地带他到处求医时，我说：“别看医生，4 岁不会说话很正常的。”我老婆说：“为什么正常？”我说：“不会说话是语言功能发育不完全，不代表头脑就不发达。朱元璋 7 岁才会讲话，就成了皇帝，我们儿子现在 4 岁不会讲话，未来至少是个县委书记。”

人生，是一段曼妙的旅程。跑得快，不如跑得久。

分享：为你带来资源

人是群体性的动物，必须学会在人群中生活。不管你的个性多么古怪，只要你选择在办公室上班，在一群人中间工作，人际关系的好坏就决定了你在那个地方的地位和威望。如果办公室所有的人都认为你很难对付，或者脾气古怪，或者动不动就发脾气，或者有一点小权力就刁难别人，并且在很多事情上没有配合精神，如果你在办公室不把自己当作所有人的朋友看，而是把自己当作所有人的领导看，人际关系就会让你陷入绝境。人际关系被毁掉时，你的地位和快乐也会同时被毁掉。在一群人中间不受欢迎的人一定是在一个地方待不长的人。

我们的生活和工作中会有各种各样的风风雨雨，在风风雨雨中，我们除了需要家庭，有时候也需要朋友在前进的道路上互相搀扶。我最欣赏的歌词之一就是周华健的《朋友》：朋友不曾孤单过，一声朋友你会懂……朋友是多么重要啊。如果想要交朋友，你一定要记住一个前提条件，那就是要学会和朋友分享生活，让他们分享你的物质财富，分享你的痛苦和快乐。生命的丰富会因为你的分享而成倍增长。把自己的痛苦和幸福吐露给朋友，你的心灵就会得到宁静，你就会变成一个更加亲切可爱的人。

如果你把痛苦压在心中，它就会变成一座蓄势待发的火山，早晚有一天会爆发，一旦爆发，力量就是摧毁性的，既可能把你摧毁，也可能把别人摧毁。美国圣海伦火山 1980 年的爆发就是一个例子。圣海伦火山 100 多年没有爆发，人们也就认为它不会爆发。结果它在一夜之间爆发了，把周围十几英里的土地和人毁得一干二净，几个人才能合抱的大树也在几秒钟之内被全部烧毁。另一种火山爆发就要美丽得多了。到了夏威夷，你都可以站在火山口附近看岩浆源源不断地流出来，因为你知道有岩浆源源不断地流出来，说明它内在的压力已经释放，不可能突然爆发。

同样道理，当你心中有压抑和痛苦的时候，你需要朋友、同事、领导和你一起分享。和别人分享，你的心灵就会平静，而心灵的平静是一切幸福和快乐的根本保证。

吃苦：
苦尽甘来，收获的是甜蜜人生

做任何事情不付出艰苦的劳动是不行的。任何事情做成功的过程都是一个艰苦而单调的过程。

社会是绝对无情的，不会因为你被父母宠了，社会就继续宠你。在这个世界上，只有父母是把饭送到你的嘴里的，其他任何人都不会把饭送到你的嘴里，包括你的老婆或丈夫，都永远不会送饭给你吃的。所以，当孩子们被父母喂饱了，一旦走进社会，大部分就都处于无所适从、心理失常的状态。

所以，我们在上大学时就必须有意识地锻炼自己吃苦的能力。有的时候你做一件小事，就能改变你对整个世界的看法。现在交通工具如此发达，你飞到中国的任何一个地点，只要两三个小时。但是坐飞机飞越2000公里，对你来说一点儿意义都没有。要是你徒步旅行300公里，一个人孤独地旅行，你就会有意想不到的收获。300公里，在路上不准骑自行车，不准搭拖拉机，不准搭汽车，不准搭便车，一切交通工具都不能用，尽可能走乡间小道。300公里每天只要走 20 公里就行，15 天下来，你的人生观都可能彻底改变。这一段路会让你知道什么叫艰苦，让你知道艰苦中会有很多乐趣，让你知道世界上有很多好人和坏人，让你知道大自然是多么可爱，让你知道在风雨中的寒冷是什么滋味，让你知道中国的农村和山区有多么贫困。一段路下来，你的价值观和人生观都可能改变，当然一定会变得更好。

我在上大学的时候，曾经骑自行车走遍了半个中国，真的很累。现在我还有当时骑自行车的照片。大学三年级我得了肺结核，住了半年院，出院后离复学还有半年的时间，我不知道干什么，所以就骑自行车到各地旅游。我有时候早上爬起来，骑车往前走，走了不到三分之一的路程，就觉得特别累，按照行程表，我每天都必须到达一个地方。所以不想骑也得骑，每次坚持到底的时候就特别自豪。到了一个地方，这个地方的风光、景色就向我迎面扑来，于是鼓励我再向下一个目的地走去。生活总要不断向前追求，不追求，我们的心胸和眼光会变得越来越狭窄，我们会变得越来越无聊和庸俗。

锻炼自己的吃苦精神和耐力，是每一个人成功的必经之路。

果断：选择时不犹豫

常有学生当面问我："俞老师，我是出国好，还是考研好，还是工作好？""俞老师，我是到国企工作好，还是到外企工作好，还是自己创业好？"这样的问题往往让我焦头烂额，不知道如何用三言两语作答。

其实，能够问出这样的问题是好事，表明中国的学生有了更多的选择机会；但同时也是坏事，因为选择多，使得大家瞻前顾后，不再能够勇往直前，为自己的选择做出百分百的努力。

人生总是面临各种选择。有些选择高下立分，比较容易决断，比如要不要上大学，相信大部分人都会选择上大学；但有些选择利弊难分，又涉及了人生转折，一次选择可能改变一辈子的人生方向，面对这样的选择，我们怎么办呢？

首先，在做选择时，我们要做的第一件事情不是向外看，而是向内看。做一件自己从内心喜欢并且能够带来喜悦的事情，会让人真正拥有幸福感和成就感。我们做选择的时候往往有一个误区，就是太注重外在世界的感受，却很少回归自己的内心。

比如，我们常常在做选择时自问，我这样做别人是否会看得起我，我那样做是否能够挣到更多的钱；但我们却很少问问自己，我是否真心喜欢做这件事情，这件事情是否和我的人生观和价值观一致，这件事情是否能够让我真正全身心热情投入。

第二，一旦做出选择就不要再犹豫，在一条路上坚持走下去，通常都会有一个好的结果。

有一个老人坚持买一个号码的彩票，坚持了10年没有变化，终于有一天中了五千万元的大奖。其实，选择以后坚持走下去的成功概率比买彩票中大奖的成功概率要高得多。坚持做一件事情，你就会积累更多的知识、更多的经验、更多的资源，最后也就更有可能成功。很多大学生毕业后到了工作单位，不仔细琢磨如何把一件工作做好并从中有所收获，而是一不高兴就换工作，工作换了很多，却把认真做事情的心情换没了。长此以往，一辈子就只能浅薄工作，浮夸生活，感受不到深入工作取得成就的乐趣。

第三，不要在选择上花太多的时间。

人生很多美好的事情都在犹豫不决和左右徘徊中与你擦肩而过。我们生活中的很多选择没有高下之分，像考研还是工作这样的困惑，如果实在犹豫不决，拿个钱币一抛，正面考研反面工作，一分钟就决定了。结果是好还是坏，让老天来决定，你就一心一意走下去好了。当初我在北大曾经上了半年研究生，但我对学古英语一点兴趣都没有，最后决定放弃，我的生活质量也没有因此下降。当初是离开北大还是留在北大，难以取舍，我就用了一个钱币，正面北大反面离开，结果是反面，我就从北大出来了，就有了新东方。能自己决策的事情自己决策，不能自己决策的事情留给天意。

当两条路横亘在我们面前的时候，我们只要选择一条就行了，甚至不需要伫立良久，不管是被人走得很多的路，还是没有人走过的路。只要我们坚持走下去，我们都能看到不同的风景，拥有不同的收获。只要我们坚持走得足够久，我们就能够到达别人没有到达的地方，走出别人没有走出的距离。即使当我们看到路的尽头，我们也不要停下脚步，因为也许在尽头处路又有了拐弯，拐弯后我们会走上一条新的道路。

专注：在人生的每个阶段只做好一件事

我上小学和中学的时候，教科书就那么薄薄的几本，其他书籍更是匮乏，图书馆借不到，书店买不到，因此只能把教科书翻来覆去地读，用报纸认真地把书包起来，里面的书页都翻烂了，书皮还像新的一样。由于没有别的书看，我把语文书中的课文背了一遍又一遍，从《小英雄雨来》背到《谁是最可爱的人》，又背到《阿Q正传》——到现在为止每一篇课文都还像刻在心上一样。

现在的学生除了语文，还要学习数学、物理、化学、生物、英语等学科，不学就会落后于时代，结果是知识面比古人要广得多，但从熟能生巧到终生受用来说，则远远不如古人了，因为大部分学生都是为了考试学习，考试完了就忘了。学习不再是为了终生受益，过完了考试门槛，学过的知识就可以像敲门砖一样扔掉了。

进了大学之后，我就再也没有体会过小时候一篇篇课文慢慢背，背出无限乐趣来的那种快乐。在大学里发现同学们像百米冲刺一样比赛着读书，读了一本又一本，大家不是比谁把哪本书研究透了，而是比读书的数量。只要能把书名、作者和内容概要记下来，能回到宿舍吹嘘就是胜利。结果我在大学读了很多书，几乎没有哪本书中的重要思想能够信手拈来地引用。

现在想来，要是我在大学不那么虚荣地去追赶同学的读书数量，而是踏踏实实研究几本书，可能现在的学问境界和思想深度就不一样了。林肯一辈子的床头书就是《圣经》和《莎士比亚》，别的书他都不读，结果心智同样伟大而广博。当然，我不是说大家一辈子只读几本书就够，而是在广泛读书的同时，确实应该真正精读几本书，甚至背诵，达到心灵的领悟为止。

在大学的时候，我也曾经拼命学习英语，教科书过了一本又一本，结果学了很多年，英语水平还在洋泾浜的水平上。想想 20 世纪三四十年代我们老师的那一辈人，进入教会学校后就拿着一本《圣经》，翻来覆去地念叨，抛开宗教意义不说，几年以后一本《圣经》翻得烂熟，英语水平一辈子过关。记得上大学的时候，听到我们那些老师读英文时优雅的发音和充满自信的慢条斯理，从心里充满了敬意，设想一下当时既没有录音设备也没有复读设施，就能把英文讲得如此地道，那是一种何等了不起的状态。我们现在什么学习设备都有了，把英文学好却很难，是什么原因呢？是我们没有把注意力专注到一个点上，一个点都没有抓住，想要抓住全面当然会很难。

现在的孩子们选择太多，对于他们来说是好事也是坏事。好事是见多识广，机会众多，坏事是不再专心致志，常常三心二意，见风使舵，不断改变自己生活和工作的方向，结果最后就迷失了方向，也迷失了人生。

我的一个朋友做过一个调查，看有多少大学生喜欢自己的专业，结果有一大半是不喜欢的。过去上大学的专业是被分配的，不喜欢情有可原，现在专业是学生自己挑的，不喜欢就已经很不对头了；但更加不对头的还在后面，很多同学因为不喜欢就换了自以为喜欢的专业，结果调查发现，在换过专业的学生中，依然有一半的同学对于自己换过的专业不喜欢。可见现在的大学生在众多的机会面前是多么不知所措。回想起来，反而觉得我们那时的大学生活更加幸福，国家给你分配一个专业，你学也得学不学也得学，结果是不得不试着去喜欢学，后来很多人还成了专业领域的杰出人才。正像丘吉尔所说的那样，一个人不在于他喜欢做什么，而在于学会喜欢正在做的事情。

任何一件事情获得成就，都需要付出巨大的努力，有时候很多人喜欢一件事情是表面的喜欢，一旦要付出努力就会望而却步。我有一个朋友喜欢听钢琴曲，对于会弹钢琴的人羡慕得要死，后来终于有了时间有了钱，于是下定决心要学钢琴，请了很好的老师，结果两个月之后就彻底崩溃放弃。

因此，喜欢一件事情和要真正做好一件事完全是两回事。做好一件事的前提要付出巨大的努力和心血。我在开始做新东方的时候，是被生活所迫，因此谈不上喜欢。有几个和我同时创业的人，最后都耐不住寂寞和辛苦，半途而废了。但我没有别的事情好做，人又不够聪明，所以只能坚持下来，最后歪打正着，做成了新东方，也喜欢上了新东方。

我们一辈子拥有的时间不是无限的，我们能够做的事情也不是无限的。如果我们能在不断探索世界，扩大眼界，博览群书，广泛涉猎的同时，能够让自己专注起来，一心一意熟读几本书，一心一意学习一个专业，一心一意做成一个事业，一心一意爱一个人，未尝不是一件无比幸福的事情。

奋斗：
改变命运，走出困境

一个人的命运，有一部分是不变的，有一部分是可以改变的。

你的出身是不变的，你出生在农民家里，出生在富贵家里，由不得你选择，是天定的。你的个性是内向的还是外向的，部分意义上也是由你的基因来决定的。但是另外一部分命运是可以通过自己的努力和勤奋改变的。

命运中的“运”字，可以分为偶然之运和必然之运。你在上班的路上一低头发现了 100 块钱，这是偶然之运；如果你买了两块钱的彩票，中了 100 万的奖金，这也是偶然之运。偶然之运通常是一辈子只能发生一次的事情，而对于百分之九十九的人来说，有的时候一辈子都发生不了一次。必然之运就是通过自己持续不断的努力，让运气变成持续不断的运气。人一辈子要追求的其实是这种持续不断的运气，而不是偶然的运气。那些只想追求偶然运气的人，永远只有抱怨心态。为什么？因为他期待好运而好运又不来。他看到这个人被评为优秀老师，抱怨为什么是他不是我；看到那个人嫁了一个好老公，抱怨为什么是她不是我；看到另一个人到大城市工作了，又抱怨为什么是他不是我。但是他 ／她没想到的是，这些人改变了自己的命运是因为他们身上的某种能力和努力，而不仅仅是运气。

我们还可以天天抱怨社会不公平，世道太黑暗。这个社会有没有不公平，有没有黑暗？有，但是你在不公平的社会中，他也在不公平社会中，那为什么他能抓住机会，你抓不住？原因通常是你的能力和努力不够。

追求偶然的运气是消极态度，追求必然的运气是积极态度。面对事情的消极态度会给人带来一辈子的无所作为。相反，积极的态度能给人带来成就。

守株待兔这个故事很好地说明了消极和积极的关系。兔子撞上树桩，农夫捡到兔子，这是偶然的运气。但是农夫把偶然的运气视为必然的运气，每天在树桩边守候兔子来撞，到头来守候的不过是蹉跎的时光和幼稚的奢望。如果农夫发现兔子撞在树桩而死，推断这个地区兔子很多，把自己转化成猎人，通过一系列方法捕捉兔子，这将远胜于守株待兔。如果农夫积极一点，他将是一个优秀的猎人，只因为消极等待，蹉跎时光，农夫一无所获。所以，如果我们有能力把自己生命中偶然的运气转化成必然的运气，那么我们的命运就会发生转变。

我经常对学生讲，与其被动等待某种机会的来临，还不如到处闯闯，自己想办法找机会。到处闯闯的结果是一定能够碰上不同的人，碰上不同的环境，以及碰上不同的机会。这个到处寻找机会的过程就是奋斗的过程。改变自己的命运，只有一条途径：奋斗。

我特别钦佩那种不管遇到什么样的困境，身上总是具备奋斗精神，总有着顽强不屈、积极心态的人，因为只有这样的人才能走出自己的困境。

隐忍：
年轻人必备的生存智慧

这世上有些能力比学习更重要，会使你更容易走向成功。我总结了成功所必须具备的三种能力。

第一是忍受孤独的能力。

因为在你成功以前，你永远是孤单的，没有人能帮得上你，没有人会崇拜你和注视你。人是孤单地奋斗的。不管有多少人在你身边，要真正达到成功，主要还是靠你自己。

第二是忍受失败的能力。

在我们的生活中失败太多了，很多 TOEFL 学生第一次考了 550 分，第二次考了 570 分、580 分，要考好几次才能通过。你要能够经受得住失败，并且从失败中学会奋进。我的好友徐小平原来是学音乐的，英语水平并不是很高，所以他考 TOEFL 考了三次，第一次是 500 多分，第二次还是 500 多分，但是第三次就考了 600 多分，最后终于到美国深造去了。所以如果你失败一次就不能承受这次失败给你带来的压力，那你也就完蛋了。

看过《三国演义》的同学都知道，诸葛亮打仗的时候更多的是失败而不是胜利，但他却一如既往地鞠躬尽瘁，死而后已。这是因为他有精神支柱，他想把蜀国搞好，不辜负刘备的希望。

好多人失败以后常常找外在的理由。所谓的外在理由都是为自己寻找逃脱责任的借口，这种行为是非常愚蠢的。从某种意义上说，这个社会对所有的人都是公平的。尽管机会面前人人平等，但是，抓住机会的能力是不一样的。任何失败的原因都必须从自己身上去寻找。

第三是忍受屈辱的能力。

我们在生活中常常会受到侮辱。你到商店买东西，售货员横眉竖眼，你会觉得受了侮辱；你想出国，得盖近 20 个章，每一个章都需要求爷爷拜奶奶，所以每一个章几乎都是一个侮辱。但面对屈辱，有的人能当作动力，有的人就从此沉沦。韩信之所以能够成就大业就是因为他有忍受屈辱的能力。钻裤裆是奇耻大辱，但当时的他是不得不钻的，如果不钻，他只有两个结果，一是他被那个人杀掉，从此没有韩信了；二是他把那个人杀掉，他赢得了暂时的胜利，但从此也没有了韩信。任何一个结果都会消灭韩信，历史上就不会有韩信这个人。韩信之所以能以忍辱负重而成大业的形象在中国历史上千古流传，就是因为他钻了裤裆。当然我不是鼓励大家去钻裤裆，只是你钻裤裆的同时眼睛是要看着未来的，心中有着远大的目标，有了这种目标以后，忍受暂时的苦难和屈辱是必要的。

所以，忍受孤独的能力是成功者的必备条件，忍受失败的能力是重新振作的力量源泉，忍受屈辱的能力是成就大业的必然前提。“忍受”能力，在某种意义上构成了你背后的巨大动力，也是你成功的绝对要素。

困难：生命的营养剂

我始终坚信，人为克服困难而生！

人生没有困难，就像地球没有高山，就缺乏了人们征服绝顶的豪迈；人生没有困难，就像地球没有大海，就缺乏了人们扬帆远航的气概。

其实，生命中有没有困难由不得我们主动选择。我们没有自由选择有困难的生活还是没有困难的生活。从出生那天起，我们的成长就是和困难一起成长的历史：我们要学会走路，就必须忍受摔倒；我们要学会说话，就必须努力重复；我们要学习优秀，就必须学会竞争；我们要恋爱，就有可能承受失恋的痛苦；我们要工作，就有可能面临失业的危险；我们要创业，就有可能经历失败的洗礼。

对于人生的困难和痛苦，任何人都无可逃避。人与人的不同，并不在于一生遇到困难多少的不同，而在于面对困难所采取的态度的不同。对待困难的不同态度，造就了不同的人生。

困难就像生命的营养剂。

我们很难设想一种既没有困难，也不需要勇气的人生。每个人都希望拥有心想事成的生活，但如果一个人想什么就能够得到什么，他的生命将会变得毫无趣味。一种不需要努力奋斗就可以坐享其成的人生，必将成为一种餍足而痛苦的存在，这就是为什么很多富家子弟堕落和无能的原因。只有经过努力得到的东西才是弥足珍贵的东西，也只有通过努力得到的收获才会使人产生较为长久的自豪感和幸福感。所谓幸福感，就是通过努力有所收获的满足感。由于满足感是不可持续性的，新的满足感一定需要通过新的努力和新的成就才能够获得。

没有困难的人生就像温室里的花朵，永远不可能有远行万里、欣赏世界的机会，也永远不可能有迎接风雨、茁壮成长的力量。

如果我们的生命没有困难，我们就会缺乏坚强，就像没有经过锤炼的钢铁，会变得非常脆弱而容易断裂。每个人都有成为最强韧的钢材的潜力，但没有经过淬火、锻造、去除杂质，我们永远成不了优秀的钢材。每一次遇到困难、克服困难的过程，就是我们生命被淬火锻造的过程，就是我们变得坚强的过程。如果生命没有困难，我们就会缺乏渴望，而渴望是生命强大的动力。只有在沙漠中行走的人才知道水的珍贵，只有忍受过饥饿的人才知道食物的重要，只有失去羽毛的鸟最向往天空，只有身陷囹圄的人最向往自由，只有拥有渴望的人才能迸发出追求灿烂生命的勇气。

我们任何一个人的生命和其他人的生命都不会相同，我们的出身不同，生长的环境不同，个性和脾气不同；但伟大的生命一定会有相同的地方，那就是伟大的梦想、克服困难的勇气和坚韧不拔的精神。

其实，人类一无所有，唯一拥有的就是克服困难的勇气，正是这一克服困难的勇气使人类从远古走到了今天。而每一次人类的进步，每一次文明的繁荣，都见证了人类克服困难的历史。人生的意义隐藏于困难之中，人为克服困难而生，只有我们拥有了克服困难的勇气，我们的生命才会富有意义，充满惊喜。

CHAPTER 6

第 6 章

年轻人走上社会后应该如何做事

有些事，年轻时不做会后悔一生

人生最值得珍惜的就是青春时光。

有些事，年轻时不做，可能会后悔一辈子。尤其是当我们还身在校园时，一定要做这几件事：

第一，把自己的知识结构打造完整；第二，要在大学里尽可能地多交朋友，因为你终生的朋友、合作者一般都来自于你的大学；第三，如果有可能的话，在大学里谈一场比较专注的恋爱；第四，为未来的工作做好打算。未来的工作跟你有多少朋友、跟你的专业知识是相关的。此外，还需要好好掌握一门专业，只要到熟练的程度，再差的专业也一定有人赏识。

我有一个朋友学的是越南语，越南语的确很少用，但中央领导去越南都要带着他，因为他是一流的越南语同声翻译专家。我还有一个大学同学研究蒋介石，研究了10年，穷困潦倒。后来美国方面召开了一个中国现代史人物研讨会，他在报告上讲了自己的研究经过，结果下面一个老教授热泪盈眶。下来后一问，这个老教授也在美国研究了30年蒋介石，孤苦伶仃，就是找不到接班人，没想到中国有个“傻瓜”也在研究蒋介石。于是5万美元奖学金一年，让我同学跟着他在美国读博士生。读完以后老头退休了，他就成为了那个学校的教授。我去看他的时候，他已经在纽约长岛买了套小房子，买了辆车娶了个老婆养了条狗。当时他跟我说，俞敏洪你看，这一切都是蒋介石“给”我的。

其实，你研究什么不重要，重要的是你真的很喜欢，然后就会有人用你。反过来，如果你觉得这个专业你不太喜欢，但很适合找工作，这要不要学？当然也要学。我就是这样一个状态，我从来没喜欢过英语，当初考英语只是因为数学不行。不喜欢英语是因为我的模仿能力不强。但后来我发现英语成了我生命的工具，因为英语，我在北大当了老师。专业有的时候是一种工具，能够帮助你前进。在登山的时候，你会在乎登山杖你喜欢不喜欢吗？不会，你只会在乎能否帮你登上山顶。英语就是我的登山杖，尽管我不是特别喜欢，但我知道我要想攀上更高的人生山峰就需要这个登山杖。我本来想把自己变成在中国的英语专家前100位的，后来发现一点戏都没有，因为中国留学生归国的越来越多，有的在国外待了10年、20年，回来了怎么看英语水平都比我高。我就只能缩小范围，开始拼命背单词，结果成为了中国还算不错的英语词汇专家。

除了所学专业外，我们要在大学里多读书。新东方流传一句话叫作“底蕴的厚度决定事业的高度”。底蕴的厚度主要来自于两方面：第一多读书，读了大量的书你的知识结构自然就会完整，就会产生智慧；第二就是丰富人生经历，把人生经历的智慧和读书的智慧结合起来就会变成真正的大智慧，就会变成你未来创造事业的无穷无尽的源泉和工具。

我在大学里读了800本书。有的人会问我，读过了忘了跟没读过有什么区别呢？其实是完全不一样。就像谈恋爱，一个谈过恋爱后又变成光棍汉的人和一个从来没有谈过恋爱的光棍汉相比是更有自信的。当他看到别人在谈恋爱的时候，他会在旁边自信地说：“嘿嘿，想当初老子也是谈过恋爱的嘛。”所以如果你实在不喜欢读书，也一定要到书店去看着那些世界名著，用手摸一下，这样也能增加一点人文气质。

在大学里的第二件事情是要尽可能多交朋友。

要交到好朋友首先你要做个好人，要做一个让人放心的人。如果你是个好心的人，在困难的时候一定会有人帮助你。另外，交朋友尽可能要找比你更加出色的人，他们能够在你的成长道路上帮助你。现在在新东方共事的很多优秀人物都是我在过去20多年里学习的榜样。

在大学的第三件事是用心谈一场恋爱。但谈恋爱有一个非常重要的前提条件，就是要一心一意地爱。所谓一心一意地爱，不是说大学里只能谈一次恋爱，而是说一次只能谈一个。要爱到一个什么程度呢？要有这样的一个感觉："为什么我的眼睛充满泪水？因为我爱你爱得深沉。"当你真的爱上一个人后，要以恰当的方式告诉她你爱她，而不能只放在心里。我在大学就吃亏在只把爱放在心里，怕说出来被别人拒绝。但其实心意最好还是表达出来，就算被女孩子拒绝了，也能够让她知道你在爱着她。同时你追求她，她也不会不高兴，她回家一定会在日记上写上："今天又有一个男孩追我咯。"有一年我去美国，跟一个以前班里很喜欢的女孩以及她的老公一起吃饭。吃饭的时候我跟她说："其实我在大学对你特别有好感。"她当时一拍大腿说："那你为什么不告诉我呢？"

谈恋爱的另外一个原则就是要谈得大度，所谓大度就是说当你爱的人爱上其他人的时候一定要大度地对她说，你的幸福就是我的幸福，你的快乐就是我的快乐，尽管我的心很疼，但我会祝福你们一路走好。

我始终觉得人在世界上总是有缘分的，世界上最痛苦的事情就是你还深深爱着她，但她已经不爱你了。但这就是缘分，既然缘分已尽，那就让我们等待下一个缘分的来临吧。在你以后的人生中总会有人爱你，等你一起牵手走向未来的旅程。

年轻人何时才能创业

人一辈子总是要为自己干件什么事情，创业就是为自己干事情。但是你并不一定大学毕业就要创业。为什么呢？因为创业需要经验和许多前提条件：第一，你的专业知识能在你创业中得到运用；第二，你有和同学朋友相处并且处理好利益关系的能力；第三，你要有对付中国社会复杂局面的能力；第四，你要有基本的商业操作或者商业运作知识；第五，自己要是个具有领导力的人。所有这些能力，都来自于你工作后和社会接触后的积累，这是需要一定时间的。比如，你想搞个培训学校，那你的运作知识从什么地方来呢？通过你观察别人怎么运作来的。如果当初我直接从北大出来就做新东方，那我可能就做不成。

要创业，我鼓励同学们先去某一个行业至少观察一到两年，最好三到四年，慢慢积累自己的才能，慢慢变得成熟，个性也慢慢稳定，最后再创业。这样失败的可能性也就少了很多。

创业有两种状态。第一种是从零做起，我自己就是从零做起，马云也是从零做起的。第二种创业就像联想的杨元庆，也算创业。杨元庆是接柳传志的班，最后成为了联想老总。美国著名的管理学家、企业家杰克·韦尔奇，也是从一个普通工人做起，做了20年成了GE（通用）公司的老总，然后在公司老总的位置上又干了20年，把公司变成了全世界最大的公司。这也是创业。

我们的成长和成熟都是慢慢来的，就像一棵树长大也是慢慢长大的一样，没有一夜之间就长大的树，也没有一下子就创业成功的人。我是30岁开始创业的，30岁才有了新东方，慢慢地不也把新东方做大了吗？

还是我的老话：把生命活得精彩一点。人的生活就像河流一样，总有一个梦想，那就是流进大海。有的人这一辈子没有梦想，就像河流没有了方向，这条河就是不完整的。长江流向大海，黄河也流向大海，但长江、黄河都以自己不同的方式流向大海。长江开山劈石穿过大山流向大海，黄河没有开山劈石，绕了九曲十八弯，最后也流向了大海。不管生命再怎么拐弯，最后目标不会变。

我们唯一要记住的，就是要像黄河、长江一样不断地向前流动。从来就没有什么救世主，想要活得精彩幸福，全靠我们自己！

30岁前不犹豫，30岁后不后悔

人的一生不得不面对各种改变，要么主动求变，要么被动改变。我们周围的环境在改变，我们周围的人在改变，我们需要不断调整自己，以适应这种改变，让自己更加主动地把控自己的命运。

首先，我们不要只追求表面的改变。因为表面变了，生命的本质并不一定会改变。比如用名牌服装来装扮自己、通过整容让自己变得更加有吸引力等，也许会增加一点外在的魅力，但从本质上来说，如果内心深处没有本质的改变，所有外表的改变都是浮光掠影的表象，不会对你的命运产生本质影响。如果你感觉到某个人有气质，那一定是来自于其内在。一个人如果博览全书，就会对自己的知识结构产生自信；一个人经历风雨，就会对自己的人生产生自信。这种改变都是内在的改变。不同的人生经历会造就不同的行为、神态、内在思想。一个人随着年龄的增加，面临的挑战必然越来越多，如果他把面对挑战的精神不断内化，丰富自己的内心，这种丰富再反映到他脸上，我们就能从中读出他的气质和沧桑。

其次，要主动求变。比如科学家可以不必走遍山山水水，也可在同一个实验室里解决世界上其他人解决不了的问题。研究能力、思维能力和创新能力是主动求变的关键。

作为普通人，我们最想改变的是我们的现状，不管是生活还是工作。中国有句话叫作“人挪活，树挪死”，说明变通的人常常容易获得新的机会。很多人在接受一份工作后，觉得工作不错，开始贷款买房、买车，最后舍不得房子汽车，却舍得自己一辈子待在同一个地方。我一直鼓励大家创业，鼓励大家换换环境，尽管放弃了眼前稳定的工作，但对于丰富人生经历却大有裨益，而且还可能把握住更好的机会。“人生30岁之前不犹豫，30岁之后不后悔”，这是值得大家借鉴的一句话。

我在北大时，发现那个地方气场太强，弄得我最后一点脾气都没有。你会讲话，比你更会讲话的人在那儿；你英语好，比你英语更好的人在那儿；你学习刻苦，比你更加聪慧的人在那儿。在这个气场中，我发现自己根本喘不过气来。最后我决定离开这个气场。当你发现在一群人中你气场很低时，一定要设法改变。如果进入一个单位，每个人都比你牛，上升通道中排了无数人，唯一的选择是向他们学习一段时间，然后离开，去开辟自己的天地。否则你就像一棵小树长在一片大树中间，没有出头之日，因为小树长过大树的可能性非常小，大树把阳光雨露都吸收掉了。但如果把小树移栽到没有大树的地方，只要气候适宜，小树就能够茁壮成长。我从北大出来，换了一个环境，心情变了，气场变了，有了成长的机会，新东方也因此成长起来了。

如果你总是处于被动，一定要变被动为主动。在非洲草原上，野牛一被狮子追就会拼命跑，跑到最后狮子咬它的屁股，牛就会惊慌倒地，然后狮子再扑上去咬住牛的喉咙，牛就没命了。其实牛的体型和狮子差不多，但是牛害怕，只知道跑，不知道反抗。

不过，我看到过一次例外。有一次我看电视，镜头中狮子快要追上牛的时候，牛突然回头，两个角对着狮子，狮子突然很害怕，牛和狮子对峙了很久，最后以狮子跑掉而告终。这个故事告诉我们，如果不把被动变成主动，结局会比较悲惨。如果能够像这头牛一样，正视恐惧，变恐惧为勇气，让自己勇敢迎接改变，结果一定会好得多。

大事可以想，小事必须做

年轻人找工作，一定要记住两句话。第一句是：如果你想认识某个人，一定不用通过10人，你就能见到这个人；另一句是：任何事情都有个开端，只有愿意做小事的人才能做成大事。

第一句话的意思是只要努力，没有做不成的事。不管你现在处在什么地位，你想认识哈佛校长就肯定会有机会见到他，找一个在哈佛上学的新东方学员，再让这个学员找到他的导师，说不定你就见到哈佛校长了。想认识任何一个人，都是有可能的。中国有个摄影家，姓名我忘了，是专门拍世界名人照片的，刚开始谁也不愿意见他，他拍的第一个人是当时新加坡的总理李光耀。为了拍到李光耀，他整整等了半个月，终于拍成了。从此世界上所有的名人都对他开放了，现在是名人们邀请他去拍，而不是他求名人去拍了。所以想要做成点儿事，第一就是不能怕。你想认识我吗？那简直太容易了，都不需要任何人的介绍，下课后上来给我张名片，明天请我吃顿饭，我们就变成好朋友了。

第二句话对大家更实用。世界上没有大事，只有小事，大事可以想，但小事必须做。“大处着眼，小处着手”，你一上来就想当国家主席，这是不可能的，但是上来你先洗洗碗，就很容易做。洗碗的能力总有吧，对不对？微笑着洗碗呗。

找工作并不意味着一上来就找一个10万美元的工作，没有任何人上来就能找到10万美元的工作的。所以，你应该先做小事，同时相信你自己，随着能力的提高，机会终会来到你的身边。能力是逐渐积累的。我做新东方做了20年，随着新东方的发展，我的能力也在不断增加。

将有限的精力
放在最重要的事情上

当今社会，每个人都渴望快速成功，所以很多人都产生了投机取巧的浮躁心理，结果常常是欲速则不达。

其实成功有其既定的轨道，就像地球也有其运行轨道一样。那么，什么样的做事方法契合成功的轨道呢？

首先，我们必须设定做事情的目标，这个目标帮助你确立人生在某一段时间内的运行轨道。

一旦目标确立，你的全部生活都会围绕着目标运行。千万不要随便改变自己设定的目标，否则生活将会陷入混乱之中。我有一个朋友，做了十年生意，别人做什么，他就跟着做什么，结果今天做衣服，明天做音响，最后什么也没有做成。后来他总结经验教训，开了一个工厂，一心一意做指甲钳，几年后就成了中国生产指甲钳的大王，年产值达到了几个亿。

第二，做事情要分成一鼓作气完成和长期坚韧不拔做下去的两种方法。

凡是在一段时间内把一件事情做完后不需要再重新做的，就应该一鼓作气把它完成。比如考试，如果一旦考过去就不用再考了，就应该在一段时间内拼命考好。但有些事情是需要一辈子认认真真去做的，就应该长期一点点做，每天不断地做。比如一个人思想和智慧的提高，是不断经历人生痛苦和挑战的结果，必须每天思考，每天进步，绝不是读完某一本有关智慧的书就能立刻变成有智慧的人。

第三，尽可能地把时间和精力集中到你认为最重要的事情上去。

人一辈子有两件大事要做：一是尽量去享受生命的美好；二是成就一番事业，获得做人的尊严。我们要尽可能地集中时间和精力来实现这两个目标，千万不要把时间花在和无聊的人侃大山，或者漫无目的地上网聊天上。凡是我们认真做的事情，都是能让我们有所进步的事情。当然，在努力之余，和朋友一起喝杯啤酒、打打牌，或者背上旅行包自由自在地旅行几天，也是生活中无上的乐事，只要不沉溺其中不能自拔就行了。

急事慢做

急事慢做，是指再着急的事也要慢慢做才能做好。

先澄清一下，这里的“急事”不是指那些紧急的突发事件，比如有一棵树突然倒了，压在路人身上，你若不迅速把树挪开，那路人可能就没命了。这里所说的“急事”，是指那些我们主观上想要尽快完成，但实际上却需要巨大的耐心和长时间努力才能完成的事情。

记得小时候在农村时有过一件事：为了取得更好的收成，大人们在一块地里过量施肥，水稻开始长得极旺盛，最后结出的谷子却又小又瘪。佛经里也有类似的故事：有一只毛毛虫，梦想有一天自己能够长成最大、最漂亮的蝴蝶，所以它拼命吃东西，等到化蛹成蝶时，翅膀无法承载它超重的身体，最后掉在地上摔死了。

现在的中国父母们大都望子成龙，把自己的希望和荣耀寄托在孩子身上，加上中国填鸭式的教育和考试制度的推波助澜，孩子们往往小小年纪就背上了沉重的书包。实际上这样的教育方式并没有培养出多少有思想、有创造力的人才。相比之下，西方的教育则显得更加符合孩子们的成长规律。

我的孩子曾经在国外上小学，他们每天上课的时间要比中国孩子少一半，放学后很少有家庭作业，即使有，大部分也是旨在培养创造力的作业。我女儿某一学期的家庭作业就是研究北美的大角羚羊（bighorn sheep），到学期结束时，她不仅学会了如何通过各种渠道查找资料，还能够用充满童趣的文笔写出长达十几页的研究报告，并配上自己画的精美图画。西方的老师经常带孩子们进行野外活动（field trip），很多课都是在大自然中进行，让孩子们小小的心灵伴着彩云快乐地飞翔。后来女儿回到中国，每每和我谈及在国外的学习生活，看着她向往怀念的模样，直让我心疼。

也许是由于从小在急功近利的氛围中长大，现在的许多年轻人缺乏成大事所需要的努力、忍耐和等待。大学生们很少能静下心来读几本可能让自己终生受益的书籍，很多人读的是武侠小说或浅薄的商业书籍，只有极少数人读过罗素的《西方哲学史》或其他有深刻人文思想和精神的书籍。毕业以后，有的人一年就换两三次工作，能踏踏实实坚持做一项工作直到取得成就或成为某个领域的专家的人就更少了。很多人脑子里充满了不切实际的想法。不是想去哈佛，就是想去牛津；不是想成为百万富翁，就是想嫁给千万富翁。

成功是长时间努力、积累和进步的结果，是水到渠成的事情，绝不是心急就能做到的。

生长速度越快的树木，其致密度就越低，生命往往也越短暂；而松树、柏树、胡杨等树种，要上百年才能成材，用起来却可千年不朽。

如果我们想成就有价值的人生，我们拥有一辈子的时间，何苦那么着急呢?

你究竟在为谁工作

由于中国的考试制度，很少有人从小就享受到主动获得知识的乐趣。相反，一切似乎都是在被迫中进行，总觉得一切都是为父母做，为老师做，逐渐养成了一种自己都意识不到的被动心态，继而产生抱怨心理。因为是为别人做的，所以自然会不满，会抱怨。我们抱怨学校和父母，工作和家庭，总觉得哪儿都不对劲。

但其实问题就出在我们凡事都被动的心态上。

正在寻找和已经参加工作的人都要明了的一个道理是：做任何工作都是在为自己工作。你要感谢给你提供工作的机构，不管这个机构本身如何，老板如何。因为，有了工作才能赚到薪水，赚到了薪水才能过日子，这是从最低层次上说的。从另一个层次上说，你在任何工作中积累的经验、资历和智慧都永远属于你自己。在这个世界上，名誉、地位、金钱和财富别人都可以从你身边拿走，但是你在工作中所积累的经验、资历和智慧，是别人永远拿不走的。这就是为什么在IBM、柯达等大公司工作过几年的人再到其他机构应聘会更容易一些的原因。

一般说来，有工作经验的人的工资比大学刚毕业的学生要高。一个大学刚毕业的学生能耐再大，起薪也不会很高，只有工作了一两年，真正展示了自己在各方面的能力之后，工资才有可能得到提高。任何成就都是一个积累的过程，只要你的积累是正面的，你的资历和经验就会越来越丰富，而你得到的回报也就会越来越高。

大家要明白的另一个道理是：做任何事情都要有耐心！

现在很多年轻人显得十分急功近利，到一个单位工作没几天，还没展示自己的敬业精神和专业能力，还没有给用人单位留下深刻印象，就急着提条件或要求涨工资，结果不是被扫地出门，就是被冷落一旁。

我经常看到有的大学生只工作了两年，就换了五六个单位。面对这样的学生我就会十分警惕，如果再发现他不断抱怨工作单位，我就会觉得是他自己有问题。只有当把工作做到别人离不开你的程度，你才有资格说自己是一个合格的雇员，你才可能有一天变成主人，变成你工作的主人，变成你心灵的主人，甚至变成你老板的主人。就像阿杜在歌中唱的那样："是你让我看透生命这东西，四个字坚持到底……不管有多苦，我会全心全力。"这种心态才是正确的心态。

我做新东方这么多年来，真正的收获并不是新东方学校，也不是积累起来的财富和地位，而是我在新东方发展过程中所获得的工作乐趣、积累的社会经验以及面对挫折的苦恼和成功的喜悦。做成新东方固然重要，但即使失败了，也没关系。因为我有积累，有耐心，因为我知道如何等待，所以我永远都能重新开始。

一心一意
做一件事

我做事并不聪明，但是喜欢一心一意地把一件事做完，而且常常乐在其中。我从小就养成了这样的做事习惯，长大后受益良多。

农村人有一种说法，就是大年初一什么活都不能干，否则一干就是一辈子。但在我高考那一年的大年初一，我下定了决心要在家里学习英语。我把自己关在房间里，一天就背完了6篇课文，而且背得滚瓜烂熟。我发现如果抛开一切琐碎的事情，一个人一天是可以有很多收获的。当然也不幸被言中，我从此一辈子都在用英语混饭吃。

这件事情到现在还在影响着我做事的方式。从此我做任何事情，都会限定一个时间范围，在有限的时间内把规定的事情迅速有效地做完。我在修改《GRE 词汇精选》时，用了10天的时间就改出来了。从7月15日开始，到25日，平均每天花8～10个小时专心致志地修改，现在这本书已经到了大家手中。

有时我会被自己做事情的精神感动，越被感动就越想认真做事情。我吃惊于自己在新东方的匆忙和浮躁中，还能一天坐上 10 个小时，一动不动，把电话关掉，切断和外界的一切联系，直到把一件事情做完为止。

因此，一件事情能否做成功，与做事情的方式和状态密切相关。如何在有限的范围内，一心一意做完一件事情，并且达到熟能生巧的地步，就变得极其重要。

其实，做任何事情道理都是一样的，隔行不隔理。所谓的天才，就是把一件事情做到别人所无法企及的程度的人。

世界上最著名的高尔夫球手泰格 · 伍兹（Tiger Woods）是世界上身价最高的人之一。他是怎么变成世界著名球手的呢？

从小练出来的。他三岁开始练球，一练就是近 20 年，最后球在他手里指向哪儿打向哪儿，打球几乎达到了化境。我想，他可能从小除了高尔夫球之外，就没有想过别的，一直打到今天。他拥有私人专用飞机，一大堆的保镖，世界上最豪华的汽车，世界上任何高尔夫球场都向他开放，每打一次球，就可以拿到几十万到上百万美元，还有世界上那么多的球迷对他的崇拜。

我并不是说拥有这些东西就伟大，而是想要说明一心一意做事情可能带来的结果。任何人一心一意地投入，都会得到最大的回报。

在浮躁的社会，如若能将自己的心培养到禅的境界你就了不得了，因为你心如止水，做任何事情都能静下心来去做，怎会有做不成的呢？

年轻人应有的就业态度

我一直把职业之路分成三个步骤，这三个步骤叫就业、职业和事业。有一件事我们千万不能做，就是失业。对于很多学生来说，谈事业目前离你们还太远，真正要谈的是失业的问题。要想不失业就要从就业做起。

就业就是找一份工作，不管你喜欢不喜欢干，你能干上这份工作，就可以赚钱，不至于再花父母的钱。22 岁以前父母给你经济资助帮助你完成大学教育，如果说这是父母的应尽之职，那么到了 22 岁以后，大学毕业了，不管你是继续读研究生，还是工作，再多花父母一分钱都是不应该的。人就像动物一样，到了一定的时候，必须要出去养活自己。从来没有听说哪一种动物带着小动物过一辈子的，小动物迟早必须出去自己觅食。

我看过一部电视片，老鹰看到小鹰会飞的那一刻就再也不会去理睬那只小鹰了，一定要让它飞出去。中国的父母在这方面做得远远不够。有钱的父母更加糟糕，孩子找不到工作，那就算了，继续给他钱吧！结果孩子的独立生存能力和奋斗能力越来越差，父母不知不觉剥夺了孩子们成长的权利，使孩子们渐渐失去成长的可能性，导致他们一辈子长不大，一辈子没出息。如果一个人25岁左右还有依赖父母的心态，这种心态是几乎一辈子都摆脱不掉的。对一个大学生来说，22岁是一个分界线，把自己跟原来的一切依赖关系全部割断，自己走进社会经受风雨。

有同学说自己22岁以后读研究生确实还需要钱，但读研究生是为了自己以后更有价值，该怎么办？假如你真要上研究生，真要花钱出国读书，有没有可能向父母写一个借条，并且以同期银行利息来计算需要向父母归还的钱的数目。这样你就有了一种紧迫感，这个紧迫感就是：我未来必须找到更好的工作，这样才能把父母的钱还上。

大学生一进入社会就能找到一份自己喜欢的工作，并且能够拿到一份很好的薪水做下去，这样的机会确实不多。进入某个领域的敲门砖，通常是选定一家单位以后，从单位的最基层工作干起，并且以自己的敬业和成绩来证明自己在这个领域的发展前途，证明自己对这个机构的喜欢，使自己在这个机构中能够逐步上升。

总而言之，就业就是找一份工作而已，特别简单，像我当初做的一样。大学毕业时我留在北大当老师，当时我并不想当老师，但我知道我是丢不起这个工作的，因为如果我拒绝分配，户口就会打回原籍，打回原籍就意味着我要回到农村，那我还上大学干什么呢。

从不会当老师到会当老师，我抱着一点点的敬业精神，抱着一定要努力的信念，一点点学，到一年多以后我喜欢上了当老师。最初我从来没有想过一辈子当老师，我想，当老师只是一个过渡，最后我总是要出国深造或者转到别的行业去的。但两年以后，我决定把老师当作自己一辈子的职业。这就转到了我下面要讲的第二步：从就业转向职业境界。

所谓的职业和就业的区别是：就业可以是临时工作，能使自己活下去的临时工作，它和你的未来发展方向，可以相关也可以不相关，从事这样的工作就叫作就业。职业就不一样了，职业就是你选择的这个行业你打算干一辈子，这就是职业。比如我下定决心一辈子不离开讲台，下定决心以后从来就没有变过。期间我有很多机会可以做比做新东方赚更多的钱的行业，但我从来没有想过改行，因为我觉得做那些东西跟我做老师没有关系，所以我后来的整个事业都是围绕着我的职业展开的。

以职业为一个中心点，再来扩展事业，是一条很好的路。

从大学生的就业或者大学生毕业以后找工作的心态来说，我觉得主要有几个阶段需要引起大家的重视。

第一是准备阶段，是指进了大学以后的前两年。由于高考太辛苦，让人变成了非人状态，所以在大学的一、二年级，应该把自己还原成轻松状态。大学一、二年级，你在把功课学得比较好的情况下，尽可能生活得轻松一点，把知识学得广泛一点，这是一个综合素质的准备阶段。

真正的就业准备从大学三年级开始。

三年级和四年级这两年要做几件事情，才能使大学毕业以后找工作相对比较顺利：

第一件事是从大学三年级起就应该搞清楚，我毕业以后找工作主要是什么方向。

第二，就是增加通用技能的准备。所谓通用技能，就是指英语、电脑操作等技能，这是你到任何一个单位去工作都必须要用到的。

第三个就是实践经验。我一直告诉大学生，工作要有经验的积累。美国大学生上大学期间一定要出去实践，而且不一定要拿工资。你如果到新东方来，即使管理一个月的教室也算是工作经验，至少你知道了工作是怎么回事。更重要的是，如果你真的干得很好，你走的时候老板给你写一封推荐信，对你未来找工作一定是有好处的。可靠的企业的老总给你写的推荐信，是一种诚信保证，既然推荐你，就意味着你这个人不赖。通过企业老板的推荐就业将变成大学生找工作的一条重要渠道，因为中国是一个整体上缺失诚信的社会，因此它需要一个诚信系统，这个诚信系统靠什么？就靠人与人之间熟悉之后的互相信赖。如果你去上班了，并且做得很好，老板乐意给你写推荐信，未来的工作大门就自然向你敞开了。所以第三条是一定要的，在大学三、四年级两个寒假、两个暑假一定要去找工作实习。

最后一点就是，在大学三、四年级要准备好与人打交道的心态。

与人打交道就从你的同学做起。与人打交道是非常重要的，与人打交道的心态，我把它叫作分享心态。中国的独生子女比较自私，什么东西都要独享，跟别人从感情上到物质上的平等交往能力比较缺乏。我只举一个例子告诉你什么叫平等交往和分享心态，也许可以为你带来一辈子的好处，因为我从小到大就是按照这条原则来做事情的，到今天也没变过。记住这个原则你将无往而不胜：在大学跟同学分享，到了单位跟人分享，创业成功后跟合作伙伴分享，你就成了最受欢迎的人。其他情况也一样，100 块钱你可以自己吃一顿饭吃掉，你也可以用 100 块钱中的 10 块钱，另外的 90 块钱想办法提升自己的价值、扩大自己的朋友圈，而这些朋友是无价之宝。

一个人要找到好工作由两个要素组成：过硬的专业知识加上综合素质。从综合素质来说，我讲五点素质在我心目中的排位。如果你到我这里来工作，在专业知识过硬的前提下，五种素质的排位是：第一，诚恳和诚信。第二，要踏实。诚恳和诚信不意味着踏实，我发现很多诚恳、有诚信的大学生最后很浮躁。第三是沟通能力。我发现很多人很有才能，但是一到办公室以后就把办公室弄得乌烟瘴气，原因是他们缺乏沟通能力，还瞧不起人。第四是创新能力。你能够提出新思想、新主意，让大家感觉到你想到的东西别人还没有想到，同时别人觉得你想到的东西有价值，那么你的位置就会上升。最后一种素质是无私。为什么无私放在最后，是因为我觉得每个人都有私心，关键是要把私心限制在大家可以接受的范围之内，同时最好通过利他的方式表现出来。

如果把这几点时刻放在头脑中，我觉得你不仅会成功就业，你未来的事业也会勇往直前，没有不成功的道理。

把每天当成一辈子来过

我们总是把自己的生命放在各种坐标之中，比如纵坐标是地位，横坐标是财富等，然后一辈子就在这个坐标中和别人进行比较。

从小学开始，每次考试一结束，老师就会把分数和排名公布出来，让那些落后的同学无地自容。由此也产生了两种人：一种人被激发起好胜心理，努力追赶优秀者，最后终于出人头地；另一种人在不断的打击下自暴自弃，失去对生命的希望，最终在自卑中度过一生。

如果说中国的教育理念存在弊病，那就是它难以让人看到自己的优势和做人的尊严，从未将幸福和快乐作为教育的主题，也没有对成功进行正确的定义，这样就导致不管成功与否，人们都感觉不到幸福和快乐。

其实，每一个人在世界上都有自己的位置，自己的位置对于自己而言没有高下之分，当你站在自己的位置上感到满意时，那就是快乐的人生。

那些不和别人比较、专注于自己世界的人是幸福的。我们每个人都有这种体会，买了一个新手机会快乐几天，买了一套新房子会快乐几个月，然后一切都归于沉寂和无聊。亿万富翁可以买到世界上的大多数物质，但其幸福指数并不一定比普通老百姓高。

我们常犯的另一个错误就是常常要求别人对自己同自己对别人一样好：你对别人微笑了，就希望别人对你微笑；你帮助了别人，就希望别人一直感恩在心；你送给了别人一个苹果，就希望别人能送你一个橘子。这样我们就让自己活在了计较之中，做任何事都总想着合不合算：工作的时候你会想着要不要努力，因为你努力了老板不一定给你更多的奖赏；和朋友吃饭的时候你会想着要不要抢着付钱，因为你已经请过他一次，这次还是你付钱不合算；甚至在谈恋爱的时候，你都会想着对方的家庭背景会不会给自己带来更多的实惠。所有这一切都让我们无法豁达地生活，因为计较和算计中的生命是狭隘的生命，一颗封闭的心灵看不到世界的美好。

记得在台湾出差时，我看到大多数人脸上的笑容都是灿烂的：过海关的时候，工作人员总是笑容满面、言语温柔；坐在出租车里，司机总是礼貌而热情；问路的时候，被问者的讲解总是详细又周到，甚至会带你走一段。他们的善意与礼貌一定不是源于制度的要求，而是来自内心的宁静和满足。他们在自己的岗位上很开心，对自己从事的工作没有自卑感，因为他们不和别人比。他们对每一个人都微笑相对，因为他们知道即使对方不笑，心里也一定感到了温暖。这与我在内地的感受有所不同。在内地有些地方的大街上行走，我发现很多行人的脸上都充满了迷茫、忧愁、不满和痛苦。

当然，这和我们时代的变迁有关，一个不断变迁的时代容易让人随波逐流、失去方向，心灵到处游荡。这也和我们的价值体系和内心追求有关，当一个人总是用物质和金钱作为判断社会地位和尊严的标准时，就永远失去了幸福和快乐的基因。

让我们来改变一下看法，学会放开心灵地生活，不去和别人比较社会地位的高低和财富的多少，而是和自己比较是不是每天都能够生活得更快乐一点。现在流行一种说法叫“一日一生”，意思是把每一天都当作一辈子来过。

如果你的生命真的只有一天，你的心里还会有那么多的计较吗？

感谢那些“逼”过我们的人

每个月我都要为《新东方英语》杂志写一篇卷首语，每次写卷首语之前，我都会恨向我催稿的编辑，总是在最后几天这样“逼”我交出文章，让我本来可以轻松的几天变得心烦意乱、食不甘味。就这样一次次被“逼”，一篇篇卷首语被“逼”了出来，几年后居然结集出版了两本书。尽管是自娱自乐的行为，也没有多少人读，常常只能免费送给学生，但见到漂亮的书放在自己眼前，依然免不了产生一点成就感，就像俗话所说的那样，再丑的孩子父母都会爱，面对自己的作品，心里总是欣喜的。

想起读书年代的自己，天资并不聪颖，每次背课文都被老师“逼”着背出来，每次数学题做不出来就会被老师留下来“逼”着做完。凡是那些“逼”过我的老师，我到今天还能够记得十分清晰，小时候对他们的恨转变为现在对他们的感激，但那些没有逼过我的老师，尤其是那些放纵我的老师，现在却一概记忆模糊，而且越发觉得这样的老师不值得尊敬。

在大学的时候，老师一般不会逼学生学习，因为学生已经长大，应该自己立志好学。但人都是有惰性的，有多少人会“逼”着自己在大学青春年少、男欢女爱的时刻，真正沉下心来学习呢。大学生真正认真学习的时间主要集中在期末考试前，为了考试及格，被“逼”学习两个星期左右，考试结束，教科书一扔，万事大吉。我对大学时代的很多老师都已经印象模糊，因为这些老师基本属于宽大型老师，不管学生听不听，到期末出张考卷，给个分数就完事。老师仁慈的话，班里每个人往往都能及格。

不过有两个老师我到今天还记忆清晰，心存感激：一位是系主任李赋宁老师，一位是英诗教授王世仁老师。李赋宁老师教《新概念英语》第四册，要求我们学一课背一课，弄得我们狼狈不堪，但却成就了我们的英语功底；王世仁老师要求我们把教过的英诗都背出来，我们被迫在西风中背雪莱的《西风颂》，但对于英语语言的美感也就在背诵中体会得越来越深。现在想来，要是所有老师都对我们这么严格要求，我们在大学也许还会更加长进一点。

我曾经读过《我在美国做妈妈》(Battle Hymn of the Tiger Mother)，该书中耶鲁大学华裔教授蔡美儿讲述了自己的育儿经验。她对两个女儿的要求十分严格，甚至到了残酷的地步。她一开始就不给孩子选择“不努力”的机会，最终把两个女儿培养成了杰出的钢琴家和小提琴家，能到卡内基音乐厅去演出。至于这两个女儿未来是否会更加成功我们不妄加评论，但至少可以说蔡美儿用“逼”的方式让两个女儿走向了成功。

生活从来都不是一帆风顺的，成功也从来不是唾手可得的。虽然我们觉得自己是被“逼”着做某些事情，但这些事情从长远来看也许并不是坏事，比如被老师“逼”着背课文，被同学“逼”着参加活动，被老板“逼”着不断工作，被竞争“逼”得天天努力……

也许，适当地被“逼”一下，能够把我们的惰性逼走，把我们的安逸逼走，把我们的勇气逼出来，把我们的前途逼出来，也把我们的成就感和幸福逼出来。

CHAPTER 7

第 7 章

用严厉和冷酷改正自己的缺点

主动成长，不做被喂饱的熊

在加拿大山区驾车旅游，经常看到路边竖着一块牌子，上面写着“A fed bear is a dead bear”，意思是“被喂饱的熊是死熊”。刚看到时不太明白到底是什么意思，为什么熊被喂饱了反而是死熊了呢？同车的伙伴告诉我说，过去很多人在路边看到熊，十分好奇，就从车里扔东西给熊吃。熊尝到了“甜头”后，就老在路边等人施舍食物，慢慢就失去了自己觅食的本领，到冬天没有人去喂它们食物时，有的熊就被冻死饿死了。所以，加拿大政府在路边竖了很多提醒人们的牌子，告诉大家，把熊喂饱了，实际上就是把熊喂死了，所以说“A fed bear is a dead bear”。

这件事又让我想起了科学家所做的一个试验：把一批白鼠分成两组，一组白鼠每天都被喂得饱饱的，它们吃完了就睡，睡醒了再吃，另一组白鼠每天只喂半饱，因为吃不饱，这组白鼠只能四处觅食，东奔西跑。半年后，科学家看到：每天吃得饱饱的白鼠不是得病了，就是死掉了，而那些到处觅食的白鼠却很健康地活着。原因不言而喻，没有吃饱的白鼠在觅食的过程中，既锻炼了身体，又增强了自己的适应能力，提高了免疫力，所以拥有了健康和活力。

现在越来越多的孩子被父母当熊或白鼠一样喂得饱饱的。他们从小到大，除了会读书以外一无所长，既没有独立思考的能力，也没有独立行动的能力，一旦身处陌生的环境中就完全不知所措，变得茫然而无助。他们习惯了父母把一切都准备好，父母给他们做饭、为他们洗衣、打扫房间、接送他们上下学，甚至帮着他们把铅笔都削好了，正是由于父母过度溺爱和在生活上的过度包办，致使这些孩子无法成为一个能够独立思考、独立行动的人，一个今后在社会上能够勇敢地打拼并取得成功的人。

所以，请不要做被喂饱的熊或者被喂得饱饱的白鼠，这样做只会走上人生失败的道路。让我们拥有更多的机会自理，才能有日后更坚强的自立。

没有经过深刻自卑的自信是虚假的自信

我小时候并不知道自卑是什么感受。

从小在农村长大，在广阔天地里，从自然环境到社会环境都不存在让人产生自卑的土壤。从自然环境来说，所有的孩子都共同享受着田园风光和玩泥巴的乐趣，大家一起玩一起脏一起洗。从社会环境来说，尽管当时国家有"地富反坏右"和"贫下中农"的对照，但我们村上恰好一个"地富反坏右"都没有，因而大家的社会地位都是平等的。反正大家都很穷，你家茅屋我家也是茅屋，不存在贫富差距，孩子之间除了比高矮，没有什么别的可比。那个时候学校也不太注重学生学习，大家不攀比成绩，即使全班最后一名也不会受到同学的嘲笑和老师的批判。倒是三天两头到地里比赛干活，但干农活对于每个孩子来说都是好手，即使输了也没有什么丢面子的。所以，到高中毕业，我也没有尝到自卑到底是什么味道。

不知道祖宗到底积了什么德，我一个跟斗跌到了青云里，三年高考后考上了北大。兴高采烈千里迢迢到了北大，以为什么好事在等着我，结果进了北大，才知道掉进冰窟窿是什么感觉。

北大是龙争虎斗之地，人人自诩天才的地方，我一进去就觉得是自己走错了地方。一个农村小土鳖，进了龙宫的感觉，你想那日子会好过吗？我尝到了深度自卑的苦涩，而这一滋味差点让我命归黄泉。刚进北大我就发现自己普通话不行，别人讲话我能听懂，我讲话别人听不懂，听不懂也就算了，还有同学模仿嘲笑，我最后就只能闭嘴不说。紧接着发现自己的农村身份和其他同学形成强烈对照，尽管当时还没有像现在这样的贫富悬殊，但身份的对照已经非常强烈。我同学中有部长的儿子有教授的女儿，大部分都是城里人，带有城里人见多识广的优越感，而我身上穿着打补丁的衣服，脚上穿着农村的土布鞋。这种强烈对照所带来的自惭形秽，或许是现在从边远地区来大都市上学的农村孩子也能够感觉到的。而让人感到绝望的是不管自己多么努力，成绩总是赶不上别的同学。眼看别的同学轻松参加各种学校活动，组织诗社或竞选，男女同学之间还你来我往谈谈恋爱，看不出他们认真学习，怎么一到期末考试就考到我前面去了。当然，像我这样的人，要得到女同学的青睐那是太阳从西边出来的事情，只能在水房里偷偷拥抱自己。自卑感在我的心中茁壮成长，把同学的每一句话每一个眼神都注入了本来并不存在的意义，心灵变得如此敏感和脆弱，以至于时时怀疑自身存在的价值。到大学三年级我那脆弱的身体和神经同时崩溃，得了肺结核。

一年后我从医院出来，有了死后余生的感觉，回到北大过着麻木的生活，接受了成绩永远不会好，也不会被女生青睐的现实。由于病休一年远离了同学间的竞争，使我反而有了一点自由呼吸的空间，而正是这一空间使我起死回生，孤独而与世无争地度过大学的最后两年时光，最后以刚刚及格的成绩默默无闻地从北大毕业。

但是留校当老师这件事，把我从自卑感中拯救了出来。大家都毕业了，因此不用再面对面和同学比成绩。其次，大家都刚开始工作，工资和社会地位的差距还没有被拉大。同时，北大的环境相对宽松，只要每个星期上完八小时的课，其他时间就可以躲进小楼自成一统。没有想到的是，随着上课经验的丰富，我发现自己尽管大学四年在公开场合没有讲过几句话，但上课居然能够用不靠谱的中英文把下面的学生给糊弄住，真可谓“东边日出西边雨”，学生当不好，当成了好老师。随着年龄的增加，对于自己的看法日趋稳定，尽管离优秀人士还有很大的差距，但自己不把自己当人看大可不必，让自己慢慢成长是最重要的。后来，离开北大成立了新东方，厚着脸皮去马路上贴广告，去教育局公安局求爷爷告奶奶，终于把自己从内心到外表都磨成了犀牛皮一般的坚韧。

我曾经说过一句话：没有经历过深刻自卑的自信是虚假的自信。

也许有些人天生优越，他们长相出众，家庭背景好，成绩又很出色，处处受人追捧，但这并不意味着我们一辈子永远处于劣势。生命的长河向前流动，在各种痛苦、打击和自卑之后如果我们能够脱颖而出，那我们就有了大河奔流的气概和壮阔的风景。

我也终于发现，一个人的成长有两个条件：一是要给予足够的时间，没有任何人会在一天之内成长起来，就像一棵树一样，要10年过去才会发现长成了参天大树；另一个条件就是生命的热情永不熄灭，不管你是多么卑微，内心的种子一定要向往天空，要尽力伸展自己的枝叶去触摸蓝天，去追逐天空的云彩。

有了向上的心，一定就会有灿烂的果实。

用严厉和冷酷改正自己的缺点

人是最害怕承认自己缺点的。由于害怕承认缺点，所以就意识不到自己的缺点，也就改正不了自己的缺点。人的进步不是发扬自己优点的结果，而恰恰是改正自己缺点的结果。优点只要保持就行了，发扬了会过分。慷慨过分了就变成浪费，节约过分了就变成小气，努力学习过分了就变成了积劳成疾。所以优点只要保持就行了。想取得进步，就必须改正自己的缺点。

那到底什么是你的缺点呢？如果自己发现不了怎么办呢？我这里有一个好办法：问问你周围的人，让他坦率地告诉你。一般来说，别人看你的缺点是看得很清楚的。“不识庐山真面目，只缘身在此山中”，人看自己永远是糊涂不清的，但是身边的人却能将你的缺点看得清清楚楚。

你可以和你的朋友说：“你老实告诉我，我这个人到底有什么缺点。我绝不记仇，绝不用刀子捅你。请你告诉我实话。”只要他愿意和你说实话，他说出来的一定就是你最致命的缺点。

我在新东方最大的收获就是我的朋友们对我的批评。新东方的创业者像王强、徐小平等，都是我在北大的同学和老师，所以他们回到新东方后依然以朋友的身份对待我。尽管在名义上我是校长，他们是副校长，但他们根本就不怕我，只要觉得我做得不对就骂我，一骂就骂出了我的缺点，因为他们没法骂我的优点。他们不能说俞敏洪你太真诚了，以后虚伪一点；他们也不会说，俞敏洪你太慷慨了，以后不要请我们吃饭了。他们会说俞敏洪你太落后了，没有现代化管理意识，会说你这件事做得太小家子气了，以后要做得更加到位一点。通过他们不断的指点，我开始充分意识到了我的一些缺点，就慢慢开始改正，因为我知道，不改，就会失去朋友的信任；不改，就会阻碍新东方的发展。

改正缺点是很痛苦的，就像除掉你身上病变的肿瘤一样。但既然肿瘤影响了生命，就不能不尽快除掉。

不论世界如何对你，都不要看轻自己

每个人都有对未来的期待，对未来的事业、成就和幸福的追求。在期待美好未来的同时，每个人都要避免看轻自己。

面对未来时，我们最容易犯两个错误：一是觉得自己这辈子不会有大的作为，另一个是料定别人不会有作为。

很明显，第一种错误不能犯。原因很简单，人生的起点由不得你选择，你出生在什么家庭由不得你选择。不过为什么人有两条腿？就是为了让你跑，是为了让你跑得更快。只要你坚持跑下去，你就会跑出自己意想不到的距离。我们要做的是从现在开始，从这个点上开始跑。因此，尽管我一开始比较自卑，但我还是相信，既然自己能从一个农民的儿子奋斗成北大的学生，就能够从北大奋斗到更高的台阶。我从心底相信自己能做到，所以今天我就做到了。

第二种错误你最好也不要犯。如果犯了，你有可能会失去一个未来跟你合作的事业伙伴。你看看周围的同学，可能觉得班上成绩后几名同学未来基本上不会有出息，但是事实证明恰恰相反。北大曾经对全班前5名和后5名的同学毕业20年后的成就做过一项调查，调查的结果是全班后5名同学的成就不次于前5名的。全班前5名的同学一般是教授或者科学家，但是许多企业家、社会活动家甚至政治家原来都是班级里名次不怎么样的同学。所以，千万不要看轻班级里的同学，尤其是那些学习成绩比较差的同学，我当初在北大的同学就千篇一律地在我身上犯了这个错误。

另外，面对未来时，往往会出现两种人：一种人想要有所作为，并且坚定不移地相信自己的未来会有所作为；还有一种人从心底不相信自己会有所作为。成功会属于哪一种人？一定是第一种。

你的心有多大，你就能走多远。中国著名的企业家、万科集团的董事长王石不断攀爬世界的最高峰，爬了一次，还想爬第二次。他知道，每一次征服都把自己带向新的高度。人们总希望自己成为伟大的艺术家、政治家或者企业家。但是，为什么有的人做到了，有的人没做到？因为做到的人一定从心底相信自己这辈子能做成事情。

我在北大的时候，成绩一直都不是很好，又是农村出身，长相比今天也差远了。越长越有魅力的男人一定是越来越有出息的。我进北大的时候，我们年级有25个男生，25个女生，听完这个数字，我还挺开心。为什么呢？24对配完了，剩下那个是我的，总而言之有我一份啊。但是没想到，女同学追男朋友的时候，都去追那些外表英俊潇洒、风流倜傥的人物去了，有时候一个男生被好几个女生追。像我这样外表朴素、平凡、未来有巨大发展潜力的，没有一个女生看得上。

我们可以预料很多事情的发生。我们可以预料一棵小杨树过了10年以后会长成一棵大杨树，我们可以预料一棵小松树100年以后会是一棵大松树，我们在路上看到一条小狗在那里走，可以预料10年以后它会变成一条老狗。但是有一件事情是我们永远预测不到的，就是人除了会长大、变老以外，还能够成长。

人生像一年四季开放的花朵，有的花开在春天，有的花夏天才开，有的花选择秋天开放，还有的花要挨到冬天才绽放。当然也有这样的人，青年、中年、老年都很厉害，比如著名的杨振宁教授青年时就在美国名牌大学读书，35 岁时获得了诺贝尔奖，到了 82 岁的时候又重新找到了人生伴侣，这样的人生让人无比羡慕。本来到了 40 岁时我就觉得已是不惑之年，从此以后就这样慢慢地过吧，但是听到杨振宁教授结婚的消息后，当天晚上我就开始修改自己的人生计划，一直计划到了 83 岁。

人生奋斗是一辈子的过程。齐白石先生 50 岁的时候还在做木工，他做木工绝对不是一个出色的木工，据说他打的椅子只要往上一坐就散架了。但是他在家具上画的画却是如此美丽，以至于家家户户请他到自己的家具上去画画。有人就跟他建议说干脆去画画吧。结果一画画到 70 岁以后，他才开始有了名气。齐白石值钱的画都是在他 80 岁到 90 岁之间画出来的。

人生不是百米赛跑，而是看不到头的马拉松，这一路至少是几十年。

如果我们活 100 年，拼的是什么呢？我们拼的是耐力，拼的是专注，拼的是持久。

靠学习之外的能力打天下

我最不喜欢在进入大学以后还在跟同学比成绩高低的行为。

现在很多同学在大学里不去比思想是不是独特，而去比一些无聊的东西，比穿的名牌衣服哪个更好，比谁的家庭背景更好。走进大学以后，如果我们还在比较到底谁比谁的家庭背景好，谁比谁的成绩好，谁比谁的服装好，谁比谁的长相好，谁比谁的女朋友好，就是缺乏自信的行为。

进入大学后的第一步，如果能摆脱这些比较心理的话，你就成功了一半。

在大学里到底哪些方面是值得你去比较的呢？

对于终生的理想要比较，这辈子你想把自己变成什么人，你想变成有钱人，变成像钱文忠这样有学问的人，还是变成像我这样办一个教育培训机构的人。你要想清楚的是自己喜欢不喜欢，要不要做这件事情。另外，你要比较的是今天和明天、明天和后天、今年和明年、明年和后年，自己在思想、独立意识上到底是不是有进步，你是不是从一个没有思想的人变成了一个有思想的人，从一个模仿别人思想的人变成一个有独立思想的人。

我们不要去跟别人比，而要跟自己比，树立自己的独立意识、思想。做一个独立的人，同时又能融入到这个社会或者做引领这个社会的人，这是特别重要的，这是改变自己的第一步。

不要按照世俗的标准判断你到底好还是坏，就像不要按照你拿多少工资来判断这个工作对你适不适合。在我身边有很多拿着每月两三万工资的人过着不愉快的生活，但是拿着两三千工资的人却过着很愉快的生活。当一件事情做到最后不管给你多少东西都不能使你感到愉快的时候，从深层意义来说，它已经剥夺了你思考、悠闲的余地，它就不是一份好工作。

比如说，我认为10年前的新东方对我来说是一份很完美的工作，我走进教室上完课以后，可以带着学生一起喝啤酒，或者和新东方的老师聊天，和北京大学的同事聊天。但是，今天的新东方却不是我百分之百愿意要的生活。我发现做到今天，我反而越来越忙了。有人说像我这样的俗人，学生才认为是成功的典型，我认为这恰恰是现在中国学生不成熟的地方，他们认为做成一番事业、有了名声就变成了成功人士，这种看法有失偏颇。人的每个阶段都有不同的追求，这是一个人成长的必经之路。比如：贫困的时候财富是我的目标；在农村的时候进北京大学读书是我的目标；现在，摆脱财富的影响来创造自己的思想，创造自己立身安命的东西，就变成了我追求的目标。

我碰到学生问我最多的两个问题：一个是“俞老师，我这辈子会有出息吗”，另一个是“俞老师，我应该怎么选择我的人生道路”。

我们先说第一个问题。其实，这个问题问得就有些荒谬，因为只有你自己知道你这辈子有没有出息。现在有出息不等于未来有出息，现在没出息也不等于未来没出息。很多同学是学生会或者团体的负责人，学习成绩名列一二，在学校风光一时，至少在我的大学同学和我认识的人中，在班里成绩保持在前几名的同学，未来在学术上和在社会上能取得重大成就的可能性反而是比较低的。不要把大学时候的风光看成你未来在社会上的风光。很多大学成绩特别好的同学只会学习，在社会上受到打击以后，意志消沉，从此一落千丈；而大学成绩不好的同学面对教授的指责和批判，依然能够“厚颜无耻”地进入社会。

这辈子到底有没有出息，对于我们来说要做什么呢？最重要的还是要明白人生的过程是一个不断改变自己命运的过程。有的时候我们的命是已经定好的，比如说你的长相是固定的，即便美容也改变不了原来难看的本质。就像有一个故事讲的，一对夫妻，女的特别漂亮，结果生出来的孩子很难看，男的就琢磨，我们的孩子不应该这么难看，是不是她有外遇了。最后，女的承认结婚前整了三次容！不要以自己的外表判断自己的未来，不能改变的东西不要改变，要坦然地接受，只有坦然接受才会有安宁和自信，我就是我。

在坦然接受的基础上，我们来看这辈子到底能怎么样改变。比如说我命中注定出生在农民家庭，但以这个为起点我可以来改变自己，我把这个过程叫作“变命”，即让自己的命运慢慢转变。如果我不坚持高考三年，现在肯定就是我们村庄里十几个老农当中的一个，我们都是儿时的伙伴，肯定一辈子都走不出乡村。尽管做新东方做得很苦，但至少我觉得这辈子过得很值，走遍了世界上的山山水水，认识了很多能够影响我，让我提升的人。

所以，生活中你会发现，自己这一辈子到底走成什么样，由你自己决定。

你现在的选择决定了你的未来

新东方有一个普通大学的毕业生，刚到新东方时只找到了一份在教室收发耳机的工作，但他选择了积极的工作态度，一边收发耳机，一边认真听每一位老师上课，两年后他的英语达到了很高的水平。同时，由于他听了很多老师的课，不知不觉掌握了很多教学技巧。有一天他跑来对我说他要当老师，吓了我一跳。我想一个收发耳机的人怎么有能力当老师呢？但让他试讲之后，我才发现他的讲课水平已经很高。后来，他成了新东方的名牌老师，后来又成了新东方一所分校的校长。正是因为他没有选择放弃，而是选择了成长，让他的生命从此与众不同。

如果你有一天的时间，选择的不同也会使你生命的质量完全不同。在某一个星期天，你可以选择睡懒觉，也可以选择去爬山；你可以选择去购物，也可以选择看书。不经意的选择其实反映了你内心的价值取向。最后，选择睡懒觉的有可能成了落伍者，选择爬山的有可能成了登山队员，选择购物的有可能成了家庭妇男，选择看书的有可能成了教授。这些选择也能够看出你的性格，是懒散的还是坚定的，是物质型的还是精神型的。即使给你一个小时的时间，你也可以选择使生命过得平淡，还是使生命过得惊喜。

有一次，我和徐小平老师到福州去演讲，演讲结束后我们坐车奔赴机场赶回北京。在机场换完登机牌后，离飞机起飞还有一个半小时。当时我们似乎唯一可以做出的选择就是走进候机室等待飞机起飞。但我想起了一路过来在旁边看到了大海，福州机场就坐落在海边上。于是我们又走出机场到了海边，海边风景如画，海水拍打着岩石发出澎湃的声音，一抹沙滩一望无际。我们兴奋异常，一看周围没有人影，脱光衣服就跳到了海里，痛痛快快在大海里畅游。后来我们上了飞机，一路聊的都是跳进大海的兴奋，这件事到今天为止我们还常常提起，这一天也因此成为了我们生命中值得记忆的日子。

生命中充满了选择，你的选择不仅和你的心情相关，也和你的命运相关。你只要选择积极的、努力的、向上的生活和工作方式，你的命运就一定会越来越好；如果你选择消极的、被动的、懒散的生活和工作方式，你的命运就注定了会越来越糟。

你现在的选择决定了你的未来。

笨有笨的好处

上小学时，我就发现自己很笨。小学语文老师要求所有学生把课文背出来，很多同学只要在课余时间把课文读几遍，就能够到老师面前去背诵了。背出来后，老师会在课文标题的上方用钢笔写上一个大大的“背”字，表明学生已经把课文背出来了，背出课文来的学生从此就可以万事大吉，不用再挨老师的白眼和折磨。但我无论如何都无法在当天把课文背出来，通常要努力好几天或者一个星期，读上几十遍，才能够把课文背出来。老师的白眼没有少挨，但后来好处也渐渐显现出来，那些背诵速度很快的同学，又很快把背出来的课文忘记了。原来背诵速度和遗忘速度成正比，背诵的速度越快，遗忘的速度也越快。而我由于要背无数遍才能够把课文烂熟于心，忘记也就不太容易了。到期末考试的时候，很多同学又开始重新背课文，而我却依然能够把很多课文从头背到尾，不用复习太多就能够应对考试。

有一个故事说雄鹰飞到金字塔的顶端只要一瞬间，而蜗牛爬到金字塔的顶端则需要几年。同样的一件事一个目标，有些人一瞬间就能够完成，有些人却需要用一辈子的努力去实现。我们可以把那些依靠自己的天赋轻而易举达成目标的人叫作天才，但这个世界上天才人物毕竟只是少数，否则他们就不会被叫作天才了。

事实上，这个世界并不是由天才统治的，而是由那些经过艰苦卓绝的努力实现自己的目标并养成坚韧不拔的个性的人，我们可以把这些人叫作地才。地才就是脚踏实地，通过点点滴滴的努力来实现自己目标的人才。就跟爬金字塔的蜗牛一样，他们需要付出超常的耐力和更多的时间。如果有一件事情摆在我的面前需要我去完成，我宁可选择更艰难的道路，像蜗牛一样爬上金字塔而不是像雄鹰一样飞上金字塔，我的生命会因此留下更多的回忆和令人感动的瞬间。做一件事不需要努力，就像谈恋爱不需要追求，登山不需要攀爬一样，不会给我们的生命留下任何足以品尝的味道。

看过《阿甘正传》的人没有一个不被阿甘的生命轨迹所感动。阿甘是一个笨人，有点傻，却成了人们心目中最成功的人。他因为被同学欺负不得不拼命奔跑，结果成了跑得最快的橄榄球队员；他傻得宁可不要自己的命也要抢救战友，结果成了民族英雄；他一心练习乒乓球废寝忘食，结果成了世界冠军；他努力捕虾一无所获但从不放弃，结果成了最著名的捕虾大王；哪怕他没有目的的环球跑步，也为他赢得了一大批的追随者。

笨的人并不等于没有成就的人，只要具备两样东西，他就能够像阿甘一样总有收获。这两样东西一是目标，二是坚持，有了它们成就自然会随之而来，就算没有成就也有收获，因为你毕竟有了与众不同的经历。因此，笨有笨的好处。意识到自己笨，正是聪明的开始；意识到自己因为笨所以要努力，是迈向成功的开始；意识到自己因为笨所以要专心超常地努力，是取得成就的开始；意识到自己因为笨不仅仅需要超常努力，还需要心平气和地给自己足够的时间和耐心，是成为天才的开始。

超越生命的临界点

爬山爬到一定时候，会感到筋疲力尽，再也不想往上多爬一步。但只要咬紧牙关坚持下去，过一会儿你就会感到全身开始舒服起来，爬山的乐趣油然而生。跑步跑到一定时候，也会感到筋疲力尽，但只要咬紧牙关坚持下去，过一会儿你就会感到呼吸舒畅起来，两条腿也好像自动跑了起来，继续跑下去的勇气会转变成一种轻松地向前跑的惯性，接着跑下去就能跑出很远。

不管是爬山还是跑步，在你咬紧牙关的那一刻，就是你做一件事情的临界点。如果你能坚持下去，就会挺过临界点，进入一种新的境界，不再害怕所面对的更长、更困难的挑战，并且在迎接挑战的过程中获得一种身心的愉悦、一份成就感和一份自信。

在学习中，我们也会遇到临界点，这是一种精神上的临界点。它不像肉体上的临界点那么明显，但却更难挺过去。因为它会持续更长的时间，需要人们有更多的内在勇气。

在工作和事业中要取得成功，也需要我们有闯过临界点的勇气和坚持到底的耐力。很多人在工作中十分浮躁，总觉得自己做的是小事。其实，小事做不好的人绝对不可能干出大事来，能否认真地把一件事情做完是一个人能否取得成功的基本标志。有一个故事讲的是一个人到处寻找金矿，在自己拥有的一块土地上挖了个遍，结果一无所获，最后只能绝望地卖掉了土地。而买他土地的那个人在原有的基础上只向下挖了几锹，就挖出了金子。另一个故事讲的是有一个人挖井，挖了十口井都没有挖出水，其实每口井他只要再向下挖一米，就有一条永不干涸的地下河在等着他——“行百里者半九十”，九十就是临界点。

世界上的事情经常很容易开始，但却很难有圆满的结局。因为圆满意味着必须走完全程，意味着必须历经千难万险，意味着遍体鳞伤也绝不放弃，意味着受尽伤害依然心地善良，意味着在到达临界点的时候咬紧牙关继续拖着疲惫的双腿向前奔跑，直到最后肉体和精神为了同一个目标合而为一。

不能跨越生命的临界点，我们会吃尽失败的苦头；要跨越生命的临界点，我们需经受更多的痛苦。但是，只要你能忍受黎明前那最黑暗的一刻，太阳一定会带着满天灿烂的朝霞为向着东方奔跑的你升起。

相貌与成功的关系

很多时候，我们自以为很重要的东西跟我们未来的幸福和成功其实没有太多的联系。

有人认为，相貌跟未来的成功会有很多的联系；有人认为，自己的家庭背景会跟成功有必然的联系；有人认为，上名牌大学的人会成功，在大学里成绩好的人比学习成绩差的人更加容易取得成功——所有这些因素可能有部分是对的，但大部分基本无效，比如说相貌。如果说一个人的相貌和成功有关，那就不会有马云和阿里巴巴，因为如果有人认为马云长得好看，那一定是审美出了问题。

当然，这并不意味着相貌好看的人就做不成事情，比如说另外一位大家比较熟悉的百度老总李彦宏就长得英俊潇洒，他所有的照片看上去都像电影明星一样。不管马云还是李彦宏都取得了成功，证明了相貌与成功无关。只不过李彦宏和马云坐在一起吃饭的时候，他们通常不太愿意坐在相邻的椅子上，因为两个人的对比到了惨不忍睹的地步，解决的方法就是把我放到他们两个中间，起到一个过渡的作用。像我这样相貌没有什么特点的人也做了一点事情。所以，不管是男是女，最重要的是自己内心世界的丰富，自己风度和气质的培养，自己胸怀的扩展以及对理想目标坚定不移的追求。随着年龄的增加，这些会慢慢变成你的智慧，所有这一切才是构成你成功的真正的本质。

那么成功和家庭背景有没有关系呢？

我们可能会看到左边的同学穿着名牌服装，右边的同学拎着名牌皮包，前面坐着市委书记的女儿，后面坐着中央领导的儿子，而你可能就是一个来自普通工人或者农民家庭的大学生。有的时候你会心存不满，认为这个世界充满了不公平。但这个世界本来就充满着不公平，而很多不公平常常就在你我眼前闪现。你会说，这个世界怎么会对我这样？为什么他什么都有，而我什么都没有？我在大学里也有过这种心理。比如我的同学有部长的儿子、有大学教授的女儿，而我却是一个农民的儿子。你会发现你总赶不上他们的状态，也没有他们的风度。你会觉得即使他们停下来一辈子什么都不做，所拥有的东西都比你多。但是，生命总是往前走的，我们要走一辈子。我们不是只走大学四年，或研究生三年，我们要走一辈子，可能走到八九十岁。而那时，人生到底怎么样你是不知道的，你唯一能做的就是要坚持走下去。所以，我非常骄傲地从一个农民的儿子走到北大最后又走到今天。我的心态很平衡，但其实我走了很长时间，走了很远的距离。

当然，有的同学会说，你进了北大就已经很成功了。确实，北大增加了我很多成功的因素。北大读书气氛很浓厚，我读了很多的书，思维变得更加敏锐。北大有人文的环境，蔡元培的铜像就立在未名湖边上，但是每年进北大的有几千人，出北大的也有几千人，能够成功的到底有多少呢？事实上，北大学生成功的概率也许并不比任何一个大学的高。

大学时候的努力重要，但大学毕业后的努力更重要。如果考上大学就意味成功的话，那么也就没有马云了。我跟马云有很多相同的地方，他高考考了三年，我也考了三年，他考的是英语专业，我也考的是英语专业，第三年我去了北大，他去了杭州师范学院。我相信很多同学没听说过这个学院。就大学而言，我觉得我应该比他更成功，但从今天来看，仅阿里巴巴上市的市值就是新东方的三倍。马云除了阿里巴巴，还有淘宝网、支付宝，而我除了做成一个新东方便什么都没了。

因此，你未来的成功和你上什么大学没什么联系。大学为你奠定了基础，但不能决定你的一生；一辈子能不能走出精彩，还得看你自己的造化。

人生总是要有份期待，哪怕是没有希望的期待。生命总有这样的现象，有的人在年轻的时候有作为，有的人中年时候有作为，有的人老年时候有作为。花儿总是在不同的季节开放，如果所有的鲜花都在春天开放完毕了，夏天、秋天、冬天没有任何的花儿开放，你还会觉得自然界是如此地美丽动人吗？大学里过得不那么精彩，毕业后却变得越来越精彩是不是更加好呢？

先做人，再做事

我认为这个世界上永远是先学会做人然后才能做事。人做不好，事就做不好。

俗话说，榜样的力量是无穷的。所以我们要学习榜样，提高境界。学习榜样，主要是从两方面来说：一是从现实生活中学，一是从历史人物中学。孔子说："三人行，必有我师焉。"每一个人身上都有你可以汲取的营养。即使从失败的人身上，我们也可以汲取教训。新东方的很多人，都是我学习的好榜样，我从每个人身上去寻找他们的优点。大家只要接触过新东方的高层领导，就会发现他们的性格太不一样了，优点是如此明显，缺点也是如此明显。但我从他们身上看到了我可以学习和借鉴的东西。胡敏老师做事严谨，王强老师个性耿直，徐小平老师充满激情，包凡一老师坦率直言，杜子华老师诚恳憨厚，钱永强老师勇往直前，陈向东老师的经济意识和市场意识，他们都是我学习的榜样。

从历史的角度看，有太多太伟大的人物都可以成为我们的榜样。耶稣、释迦牟尼可以是我们的榜样，苏格拉底、孔子也可以是我们的榜样。从这些榜样身上我们可以吸取力量和智慧。马丁·路德·金可以是我们的榜样。他的演讲名篇“I Have a Dream”，使我们在体会英语文字之美的同时，也体会到了一个人如海一样的胸怀，如山一样的勇气。他为黑人在美国社会的平等地位所进行的呐喊，已经变成了全世界被压迫人民共同的声音。

做事情一定要建立标准，就高避低。

建立标准就是建立一个人的道德标准和行为标准。如果你建立了一条行为准则，比如绝不随地扔纸、随地吐痰，那你就必须遵守这一行为准则，不能因为别人在教室里随地扔纸、随地吐痰，你就随地扔纸、随地吐痰。一个准则一旦建立起来，就不要去破坏这个准则，哪怕你周围所有的人都在破坏它，你都不能变。否则你就会出问题。你身边总会出现道德水准和行为准则比你低的人，你要是向他们学习，你就会越学越坏。

在做人做事方面我有一句口号：做人像水，做事像山。

所谓“做人像水”，就是做人尽可能向低处走，对别人谦虚，向别人学习，不耻下问。从长远来说在把握人格尊严的前提下，为了事业和未来，哪怕低三下四也无所谓，这并不损害你的形象。很多事情都是求人求出来的，在家要求爷爷告奶奶，在外面要求朋友告官员。低头做人，抬头做事，韩信钻裤裆，是因为他对自己的未来有信心，小不忍则乱大谋。10年后，钻裤裆的韩信成了中国历史上最伟大的人物之一。

“做事像山”，就是做任何一件事情，只要确定了目标，就必须像爬山一样爬上去，要有山一样坚定的意志和山一样不可动摇的决心。人不能有傲气，但必须要有傲骨。傲气流于表面，不可一世，一眼就能被人看出来，是肤浅的一种表现；而傲骨是精神上的，是内在的一种气质，有傲骨的人待人接物都很随和，心静如水，但内心却有很明确的使命感和责任感，对完成自己的使命有着钢铁一样不可动摇的意志。

CHAPTER 8

第 8 章

人的一生总需要有点理想光辉

走在路上，也许这就是人生

我似乎注定了要过一种在路上的生活。我有着不安分的灵魂，总想四处游荡。我的内心深处有一种呼唤，总是把我带向不可知的远方。即使坐在房间里，我也希望有一扇能够让我眺望地平线的窗户。

从出生到 18 岁，我一直在一个小村庄生活，头顶同一片天空，脚踏同一块土地，每天看到的都是相同的风景，遇到的都是熟悉的乡邻。我本来应该过一辈子平平淡淡的农村生活，娶妻生子，在土地上劳作，每天迎来朝阳送走晚霞，慢慢变老。但老天偏偏让我降生在了长江边上，又偏偏在我家的东边生成一座百米高的小山，爬上这座小山，长江就可以一览无余。那时候还没有污染，可以极目远眺，看得很远很远。一些船从天边过来，又消失在天边，一些云从江边来，又消失在江边，于是我就开始好奇，天边外到底有什么？如果我坐上船能到哪里呢？感谢我的几个亲戚，因为他们住在上海，于是在我八岁的时候，母亲决定带我到上海去一趟。坐船半天一夜，终于到了上海。这次旅行，长江的壮阔、吴淞口的苍茫、上海的灯光和街道的繁华，给我留下了深刻的印象。从此，我的心开始渴望远行，盼望着长大后要走出村庄，走向更远的地方。

我第一次坐火车是到北京上大学，这也是我第一次看到火车。我考大学考了三年，现在想来，是心中那点模糊的渴望，走向远方的渴望，让我坚持了下来。这种渴望使我死活不愿意在一个村庄待上一辈子，而唯一走出村庄的办法就是考上大学。当时的农村还没有外出打工这一说，如果放到现在，我可能就是一个背上包四处游荡的打工仔了。有一段时间，我疯狂地爱上了火车，在车厢里听着车轮和铁轨撞击的强烈节奏，听着风声在车窗外呼啸而过；还有那对面开来的火车撕心裂肺的长鸣，常常把我的思绪拉得很长很长。火车从一个城市穿过，走向另一个城市，窗外的风景不断变换，我就把自己的心留在了不同的风景里。

我的大学生活是孤独和自卑的，一个农村孩子走进大城市之后的转变是深刻而痛苦的。四年大学对我来说最大的安慰就是周末可以走出校园，到北京的周围去爬山。我曾经无数次坐在香山顶上看夕阳西下，群山连绵。大学三年级得肺结核那年，我被送进了坐落在北京西郊山区的结核病疗养院。尽管这个疗养院围墙很高，但在楼上的房间里却能够看到周围的山。在医院一年，我看遍了山的颜色：春的粉红、夏的青翠、秋的火红和冬的萧瑟。在医院的门口，有一座小山，山顶上刻着冯玉祥题写的“精神不死”四个大字，我几乎每天都要去爬这座小山，对着这四个字发呆。身体好点后，医生允许我走出大门，我就去爬遍了每天从医院的窗户里可以看到的那些山峰。也就是在医院的这一年，我读完了《徐霞客游记》。

人需要有一种渴望，需要有一种梦想。没有渴望和梦想的日子使我们的生命失去活力和勇气。有很长一段时间，我差一点掉在了安于现状的陷阱里。大学毕业后，我留在北大当老师，收入不高但生活安逸，于是娶妻生子，柴米油盐，日子就这样一天天过去，梦想就这样慢慢消失。

直到有一天，我回到家乡，又爬上了那座小山，看着长江从天边滚滚而来，那种越过地平线的渴望被猛然惊醒。于是，我下定决心走出北大校园，开始了独立奋斗的历程。在出国留学的梦想被无情粉碎之后，“新东方”终于出现在我生命的地平线上，带着我穿越地平线的梦想，从此一发不可收拾。新东方从一个城市走向了另一个城市，从中国走向了世界。我也带着新东方的梦想和我的渴望，从中国山水走向世界山水，从中国人群走向世界人群。

走在路上，也许这就是人生。

我们一辈子走在两条路上——心灵之路和现实之路。这两条路互相补充互相丰富，心灵之路指引现实之路，现实之路充实心灵之路。当我们的心灵不再渴望越过高山大川时，心灵就失去了活力和营养；当我们的现实之路没有心灵指引时，即使走遍世界也只是行尸走肉。一年又一年我们不断走过，每一个生命走得如此不同。

你做好了走在路上的准备了吗?

活到点子上

什么才算是活到点子上?

我认为就是觉得一辈子没有白活，幸福指数很高，心灵很充实，回头看自己的人生道路没有太多的遗憾，尤其是没有太多的悔恨，如果让你再重新过一辈子，你还是愿意这样生活，这就是活到点子上。

对下面几个问题的回答可以用来判断一个人是不是活到了点子上：

你喜欢自己正在做的事情吗?

你想到正在做的事情会充满热情吗?

你周围有朋友赞赏你正在做的事情吗?

你做的事情能够给心灵带来充实感吗?

你有真正爱的人和爱你的人吗?

如果你对这些问题的回答是肯定的，那说明你活到点子上了!

按照上面的标准，我发现很多有权、有钱、有名气的人并没有活到点子上，因为这些人通常想得到更大的权、更多的钱、更炫的名，并为此而苦不堪言。权、钱、名气成了他们人生沉重的负担，这些看上去耀目的负担压得他们喘不过气来。毕竟，面对权、钱、名时，能够坦然处之、得失自如的人并不多。尽管权、钱、名在大部分人眼中是好东西，但一定不是活到点子上的必要条件。

为了讲清楚什么叫活到点子上，我给大家讲两个故事。

我的一个朋友有很强的经商能力，他如果做房地产生意的话，一定能够取得成功。但他梦想的生活是草原、天空和马。于是，在捞到第一桶金后，他立刻停止了商场的搏击，到内蒙古买了一片连绵起伏的草原，然后盖起一个很美的小度假村，养了十几匹好马。每当春天来临，他就去自己的草场，过起海子想要的典型生活："做一个幸福的人，喂马，劈柴……"小度假村每年能够给他带来一些收入，去掉运营成本后还能剩下十几万，用来作为家庭的花销。他找了一个自己深爱的女人，女人也非常喜欢这种生活方式，所以两人在草原上流连忘返。

第二个故事是关于一本书，叫《背包十年》，是一个叫小鹏的人的自述。小鹏是一个不喜欢工作但喜欢旅游的人，他最长也只持续工作了三个月，每次工作只是为了给旅游筹资。只要一拿到工资，他就立刻加入驴友的队伍，并以这样的方式走遍了世界各地。在这期间，他的文字和摄影作品吸引了一些国家的旅游局的注意，他们给他提供资助，使他成了职业的旅行家。就这样，他圆了自己一辈子旅游的梦想。

一个活到点子上的人大概需要三个要素：

第一，有一个自己真心真意喜欢的事情，而且这个事情能带来经济收入。比如说我的朋友喜欢草原，但同时还得靠度假村获得一定的经济收入，否则就活不下去；小鹏如果没有获得资助，也无法以职业旅行家的身份旅行下去。人毕竟不能不食人间烟火。但如果不是出于喜欢，那做任何事都会觉得痛苦。

第二，对于财富、名望、权力没有过分的兴趣，更愿意追求内心的充实和满足。钱对于生活是必要的，但钱一定不能成为生命的唯一目标。

第三，有一个特别值得你一心一意爱的人和你同行。这个人不是你的父母，不是你的朋友，而是你的爱人。人心之所以会“撒野”，常常是因为找不到自己的另一半。如果你真的找到了一个自己无比喜欢的人，你就会和她/他一心一意地经营生活。这时候，就算再平淡的生活也充满了欢乐。

具备这三个要素，你就算真正活到了点子上。我把这个观点放到微博上，后面跟了几万条评论，大部分人说这三个要素看上去简单，实际上太难做到了。这表明大部分人都没有活到点子上。其实，能做到三个要素中的任何一个，生命的遗憾就会减少很多。

你不知道
这辈子你能走多远

一个人干活，某种意义上是为了得到尊严和自尊，尊严是被别人尊敬，自尊是看得起自己。你自己真的把事情做得很好，就会感受到一种自尊。但有时你自己觉得好，别人不一定觉得好，你打游戏第一，别人不一定看好你，按照社会评价标准、社会价值体系，大家都说你做得好才能赢得尊敬。陈景润一辈子待在家里研究数学，因为眼睛高度近视，一走出门就撞上电线杆，但他得到了全世界的尊重。即便一个人单干，也要考虑做的事情对自己和社会是否有价值。考虑社会价值是我们做事情的一个重要标准。

我们一旦选择做一件事，原则上是必须做完的，因为做不完，最后会导致一种失败失落的心态，一种挫折痛苦的心态，甚至是一种自卑的心态。当然，我们可以选择过一种安逸的生活，没有人强迫你一定要考清华大学，没有人强迫你考试考高分，这个世界永远有选择。往前走会有痛苦，没有人不说高考是痛苦的，但痛苦为什么还要选择往前走？因为人会为了未来某一个点，这个点可能是幸福点，也可能是成就点，愿意在现在付出。这就是我们人区别于动物的地方，人愿意为了未来在今天更加努力。为什么我们愿意忍受今天的痛苦？就是因为我们知道如果不付出，未来会更加痛苦。幸福永远是一个点，而奋斗和痛苦是一条线，只有走完那一条线才能到达那个点。

比如爬山，从山脚往山顶攀登的过程其实是个痛苦的过程，因为会累，爬到山顶看山下的风景时就会感觉到幸福。当你站在山顶，看到远处有更高的山，你是飞不过去的，一定要再下山再上山又经历一个痛苦的过程。中国两个喜欢登山的企业家都登上了珠穆朗玛峰，一是王石，还有一个是我的校友黄怒波。他们每次下山回来，都暗下决心这辈子再也不爬山了。但休息一段时间后，他们一定会再爬，他们征服的不是山头。人来或者不来，山依然是一座山，山有自己的尊严，不需要人去征服。人为什么要征服山呢？其实征服的不是山，人是在征服自己，只有征服自己才会产生一种生而为人、生而为赢的自信和骄傲感。

我经常带新东方人到周边没有人烟的地方去徒步 50 公里，一般人走到 25 公里时就不想走了，这时有三个选择，第一是走回起点，是 25 公里；第二是坐在那里不走了，方圆 25 公里都没有人烟，不是饿死就是渴死，或者迷茫而死，第三是可以选择走向终点，也是 25 公里，还有香喷喷的烤全羊等着你。

只要是走到终点的人，最后谈体会都有两个感受，第一从来没想到自己能走这么远，因为 50 公里不是短距离，第二从来没想到这样有成就感。

捡足够的砖头，造好心中的房子

小时候，父亲做的一件事情到今天还让我记忆犹新。

父亲是个木工，经常帮别人建房子，每次建完房子，就会把别人废弃不要的断砖乱瓦捡回来，或一块两块，或三块五块。有时候在路上走，看见路边有砖头或石块，他也会捡起来放在篮子里带回家。久而久之，我家院子里就多出了一大堆乱七八糟的砖头碎瓦。我完全不知道这一堆东西的用处，只觉得本来就小的院子被父亲弄得没有了回旋的余地。

终于有一天，父亲在院子一角的小空地上开始左右测量，开沟挖槽，我问他要做什么，他告诉我要造一间小房子。在随后的几天里，父亲和泥砌墙，用那堆乱砖左拼右凑，一间四四方方的小房子居然拔地而起，干净漂亮，和院子构成了一个和谐的整体。父亲把本来养在露天到处乱跑的猪羊赶进小房子，再把院子打扫干净，结果家里就有了全村人最羡慕的院子和猪舍。

当时我只是觉得父亲很了不起，一个人就盖了一间房子，然后就继续和其他小朋友一起，贫困但不失快乐地过我的农村生活。等到长大以后，我才逐渐发现父亲做的这件事对自己的深刻影响。从一块砖头到一堆砖头，最后变成一间小房子，父亲向我阐释了做成一件事情的全部奥秘。

一块砖没有什么用，一堆砖也没有什么用，如果你心中没有一个造房子的梦想，拥有天下所有的砖头也只是占据了一堆废物；但如果只有造房子的梦想，而没有砖头，梦想也没法实现。当时我家穷得几乎连吃饭都成问题，自然没有钱去买砖，但我父亲没有放弃，日复一日捡拾砖头碎瓦，终于有了足够的砖头来造心中的房子。

在后来的日子里，这件事情中蕴藏的精神一直激励着我，成了我做事的指导思想。做事的时候，我一般都会问自己两个问题：一是做这件事情的目标是什么，因为盲目做事情就像捡了一堆砖头而不知道干什么一样，会浪费自己的生命。第二个问题是需要多少努力才能够把这件事情做成，也就是需要捡多少砖头才能把房子造好。解决了上面两个问题，剩下的就是要有足够的耐心，因为砖头不是一天就能捡够的。

对于大部分人来说，生命之路足够漫长，因此我们有足够的时间把造房子的砖头慢慢攒起来。我生命中的三件事证明了这一思路的好处。第一件事是我的高考，目标明确——考上大学，第一第二年我都没考上，那是因为砖头没有捡够。第三年我继续拼命学习，终于进了北大。第二件事是我背英语单词，目标明确——成为中国最好的英语词汇老师之一，于是我开始一个一个单词背，在背过的单词不断遗忘的痛苦中，父亲捡砖头的形象总会浮现在我眼前，最后我终于背下了两三万个单词，成了一名不错的词汇老师。第三件事是我做新东方，目标明确——要做成中国最好的英语培训机构之一，然后我就开始给学生上课，平均每天给学生上六到十个小时的课。很多老师倒下或放弃了，我没有放弃，十几年如一日地坚持着。每上一次课我就感觉多捡了一块砖头，梦想着把新东方这栋房子建起来。到今天为止我仍然在努力……

金字塔如果拆开了，只不过是一堆散乱的石头。日子如果没有目标地过下去，只不过是几段散乱的岁月。但如果把努力凝聚到每一日，去实现自己的某一个梦想，散乱的日子就积成了生命的永恒。

定目标，沉住气，悄悄干

有一次记者采访万向集团的创始人鲁冠球，问他为什么很多民营企业做了10年左右就垮了，而他却能够带领万向集团一路成长和辉煌30年，鲁冠球用9个字概括了自己做成万向的所有心得，那就是“定目标，沉住气，悄悄干”。应该说，这9个字道尽了一个人做事和做人的所有秘诀。

首先是定目标。

一个人要出发之前，先得问问自己到底要走到哪里去，如果不知道走到哪里就出发，那叫作徘徊或盲动。定目标不仅仅是简单的设定目标的问题，还有定的目标是否切合实际和符合自己能力的问题。鲁冠球最初从一个乡镇企业做起，小本经营，只做汽车的万向节，后来慢慢地把小生意做成了大生意，现在已经涉足金融、地产、教育等行业。万向成了中国最成功的企业之一，鲁冠球成了中国最有钱的富翁之一，万向的发展过程其实是随着企业资本和个人能力的提高，目标不断提高和改变的过程。我举万向的例子并不是说我们只能从小做起，而是我们不管做什么事情，都要脚踏实地步步为营，只有这样才能把大目标分解成小目标，一步步地实现。

第二点是沉住气。

沉住气是十分重要的，谁都知道只有沉得住气的人才能够把事情做大。一个浮躁的、急于求成的人往往缺乏周密的思考，而且言辞情感也容易露于表面，这样很容易把事情做得浅薄，也很容易被别人看破真相。沉住气首先表现在对于自己和自己所做的事情有信心。一旦确定目标便不会轻易改变。沉住气更重要的是指一个人遇到困难和挫折能够不屈不挠沉着应对，即使千夫所指也相信终有一天能够挺立在天地之间。当初韩信钻裤裆就是这种沉着，诸葛亮空城计就是这种沉着，毛泽东转战陕北就是这种沉着。如果一个人面对各种挑战和失败能够坦然处之，放眼未来，他就必然能够沉住气，做出大事来。

第三点是悄悄干。

我们知道一个人获得一点点成就并不难，难的是一辈子都有所收获。但大部分人在获得了一点成就后，就到处宣扬，唯恐路人不知。于是很多学生在骄傲中成绩越来越差，很多政府领导在骄傲中常常折戟，很多企业在老板的骄傲中纷纷倒闭。而那些很少吭声，保持冷静头脑，努力寻找机会的人和企业，像鲁冠球和他的万向集团，却能不断地兴旺发达。

全世界的人们几乎都喜欢那些悄悄干出大事业的人，反对那些虚张声势的人，原因非常简单：一是人们从本能上就喜欢谦虚的人，因为谦虚给人一种信任感和安全感；二是谁也不希望身边人比自己牛或者看起来比自己牛，尤其自己说自己牛的人更加容易招致别人的反感；三是凡是喜欢虚张声势的人一般来说都是没有底蕴的人，而底蕴的厚度决定了事业的高度，没有底蕴的人就像没有基础的房子，造得越高倒得越快。

最后，悄悄干也体现了一个人的风度，因为有风度的人一定不会有点成就到处炫耀，他们更关注的是自己的未来和别人的感受。

当我们真正掌握了“定目标，沉住气，悄悄干”这 9 个字的真谛，并且应用于生活和工作中，就能够更加得心应手来驾驭自己生命的航向。

让我们定目标以明志向，沉住气以踏征程，悄悄干以成大业。

成就源自无数微小的目标

有一天，一个朋友来找我聊天。他非常兴奋地告诉我，经过精心研究，他发现了英语学习的八大方法七十二大窍门，并且一条一条掰开揉碎地告诉我。我听了之后几乎笑掉了下巴，因为光是为了记住这些方法和窍门的名称就得花上一个礼拜的时间。

英语学习就是简单的语言学习，语言学习的方法就是反复地模仿和练习，除此之外别无他法。你什么时候见过一个三岁的孩子在学说话的时候先记住几大方法几大窍门？只要是正常的孩子，没有学不会说话的，他们所用的方法就是反复模仿和练习而已。

我们都有这样的经验，在童年时期，我们记东西背东西都比较快，也比较容易记住。很多人认为那是小时候记忆力好的缘故，其实不然。成年人有了理解能力，记忆的速度其实更快了，那为什么反而记不住东西呢？因为我们已经被太多的世事所缠绕，心有杂念，所以不能再专心致志，不能再一心一意。我们已经失去了童年时代的纯真和对事物的好奇心，失去了不厌其烦地反复做一件事情的热情。

我们经常以很快的速度学习一些东西，然后就把它们扔到一边，自以为已经掌握。结果我们学了十几年英语，就像老熊掰棒子，掰了新的，扔了旧的。而孩子们却在无意中抓住了学习的窍门——一心一意地模仿，在短时间内就能让流畅的英文脱口而出。

人这一辈子其实做不了太多的事情，什么事情都想做等于什么事情都做不成。如果我们能把一件小事做到让自己满意，就已经很了不起了，能做到尽善尽美，就更了不起。

在生命中，最让人感动的日子总是那些一心一意为了一个目标而努力奋斗的日子，哪怕是为了一个卑微的目标而奋斗，也是值得我们骄傲的，因为无数卑微的目标积累起来可能就是一个伟大的成就。

设计一张
完美的人生地图

从中学开始，我就对地理很感兴趣，而最感兴趣的就是地图。面对一张地图，我能够好几小时一动不动地测算从一个地点到另一个地点的距离，想象着一路上山山水水的风光无限。直到今天，收藏地图依然是我的癖好。

高考那阵子，我最骄傲的就是能够把中国地图和世界地图用飞快的速度画出来，并把一个个国家和地名标注在上面，渴望未来有一天能够到这些地方走一走。大学的时候，我旅行过一些地方，或骑自行车，或徒步旅行，或钻在火车的座位底下，怎么省钱怎么来。但更多的时候我只能对着地图发呆，一想到自己哪一天能够自由自在地行走在全世界，心中就常常涌起一阵激动。

工作以后，经济条件允许了，我开始把自己的旅行梦从地图上搬到现实中。我从小在大自然中长大，每天都能够看到日出日落，斗转星移，因此我对自己的方向感充满了自信，觉得走到任何地方都不太容易迷路。只要有朋友一起出去，我都会承担指路的任务，有时更会靠自己认路把朋友们从一个地方带到另一个地方。我认路的能力在朋友中是出了名的，几乎总能找到自己要去的地方。我也独自一人走过很多地方，很少有迷路的时候，这份自信便越发膨胀起来，总以为即使没有地图，也能走遍天下。

然而，直到我碰上了几件事情之后，我才懂得了这样一个道理：如果没有地图或其他设备指引方向的话，自以为很好的方向感只是一种错觉。

有一次和朋友开车到呼伦贝尔草原旅行，汽车开进草原后，突然发现天地浑然一体，四面都是无穷无尽的绿草，根本分不出东南西北，汽车只能在茫茫的草原上打转。

还有一次，我在美国开车旅行，没有地图造成的痛苦给我留下了深刻的印象。从纽约开车到波士顿，本来只要沿 95 号高速公路一直开就到了，因此我就没有带地图。开了一段路之后，前面因为交通事故而堵得水泄不通，于是我就从一个出口开了出去，结果开进了美国的一个小镇。这个小镇里有很多纵横交错的不规则街道，一会儿我就失去了方向。由于镇上没有地图卖，我们只能向居民问路，他们都热情指路，但我们还是常常绕回小镇，一直折腾了两个小时，才发现另外一条大路的入口离我们只不过两英里左右。

这几件事告诫我，再也不要在没有地图的情况下进入陌生的地方，同时我也深刻意识到预先弄清楚到达目的地的路径是多么重要。我们很多人对自己最终想要得到什么都很清楚，但在设计到达目的地的最佳路径时却常常失之草率。不少人就在走向目标的过程中迷失了方向，盲目转圈，甚至走到了相反的方向，与既定的目标背道而驰。更有甚者则走上了行不通的死路。

在走向人生的目的地之前，先为自己设计一张人生地图十分重要。

我们要在地图上把起点标出来，把目的地标出来，把到达目的地的路径标出来，还必须要有应付意外情况的心理准备，懂得如何在原定路径走不通的时候确定新的路径。

人生不仅仅是为了一个结果，同样重要的是走向结果的路径选择。有人生的地图在手中，走在风中雨中你都不会迷失方向，你的一辈子就会比你想象的走得更远，到达的目的地更多，因此也就会有更多的精彩。

向着要追赶的目标前进

我一直以为过了 40 岁想要学好滑雪是一件很难的事情。几年前我女儿要学滑雪，没有人陪她到滑雪场去，我只好硬着头皮和我女儿一起学习。小孩学习能力强，身体灵活，所以学得比较快。我不放心她一个人到山上去滑雪，只能扛着滑雪板跟着她，她滑得快我就在后面拼命追，为了追上她我完全忘了害怕，就这样在追赶女儿的过程中，我的滑雪技术不断长进，最后成了半个滑雪行家。后来想想，如果当时不用追赶我女儿，自己一点一点慢慢学，一定会又怕摔跤又怕扭腰，可能到今天也不一定能够学会滑雪。

在生活中，这种在追赶过程中忘掉自己、激发潜能的事情比比皆是。

如果两个人一起比赛走路，一定会比一个人独行走得更远，也走得更快，因为这时候走路本身不再是目标，目标变成了谁走得更远或更快。在学习中，一个人独自学习是一件很辛苦的事情，但是如果能够找到一个追赶的目标，就能够迅速把抽象枯燥的学习具体化成对一个鲜活对象的追赶。于是，追上那个人就成为了目标，学习本身就不是那么辛苦的一件事情了。在工作中也是一样，如果我们抽象地想把工作做好，常常会感觉不着边际，但如果以追赶工作中的某一个优秀人物作为目标，工作就会轻松很多，而且更加容易做出成绩来。

不管愿意不愿意，我们的生命已经离不开这个词：追赶！

我们或者在追赶中向前进，或者在被追赶中往前走。不管是追赶还是被追赶，都是我们不可避免的宿命。

有的时候追赶是一场你死我活的角逐。在动物界，追赶显得更加血腥：羚羊必须全力奔跑以避免自己被狮子吃掉，而狮子也必须拼命追赶以防止自己被饿死。植物界似乎要显得平静很多，树自己长着，草也自己长着；但实际上植物的追赶也是一场你死我活的斗争。任何植物都必须拼命地长高，这样才能够得到更多的雨露阳光。在一片空地上，先有草，高的草把低矮的草消灭掉；然后有树，树把阳光盖住，草就长不起来了；最后最高的树把矮的树遮蔽掉，因为高树把阳光雨露都吸收掉了。所以，植物也在互相追赶，赶不上的就会吃亏，付出生命的代价。

人类社会的追赶似乎要更加文明，但其实禁不住细看，细看去比动物植物更加残忍。那些在追赶中跑到前面去的国家，占据了世界上绝大多数的优质资源，而贫困的国家却受尽剥削和欺负；那些在追赶中跑到前面去的人们，占据着世界上绝大多数的财富，而很多被甩在后面的人们只能在贫困、饥饿甚至死亡线上挣扎。

生命的起源就来自于追赶，没有追赶就没有进化，也就没有人类的今天。因此可以说没有追赶就没有生命。不管是追赶者还是被追赶者，在生命的意义上都要向对方表示感谢。我们身上的每一个进步，某种关键能力的培养，经常都是由于我们追赶对手或者对手对我们追赶的结果。对于那些把我们追得团团乱转的人，我们也许应该真心表示感谢，正是因为他们让我们不断磨砺自己的意志，锻炼自己的能力，敏锐自己的感觉，增进自己的智慧，不知不觉加快了脚步，穿越了很多本来一辈子都到达不了的地平线。

找到你生命中的北极星

在非洲撒哈拉沙漠的深处有一片美丽的绿洲，在那里居住的土著居民几千年来从未走出过这片沙漠。他们尝试过无数次，但就是走不出去。

有一次，一位英国的冒险家来到了这片绿洲，很奇怪为什么这儿的人从没有离开过这片绿洲，因为他只用了三天时间就从外面走进来了。为了了解其中的原因，他让土著人牵上骆驼，带上粮食，寻找走出沙漠的路，他跟在后面观察。结果土著人在沙漠中走了15天也没有找到出去的路，又回到了原来的出发地点。这位冒险家明白了，土著人走不出去是因为他们一走进沙漠就失去了方向，所以就在原地打转。他告诉土著人，让他们每天晚上朝着北极星的方向前进，永远不要偏离那颗星星。结果三天以后，土著人就走出了沙漠。

其实，我们在生活中，有太多的时候是像土著人一样在人生的沙漠里原地绕圈子。我们甚至还不如土著人，因为有时候我们连走出沙漠的冲动都没有。我们每天在吃饭与睡觉之间打发时光，我们每天在抱怨与仇恨之中对付社会。我们很少去定位自己生命的高度与强度，很少去无怨无悔地为了生命中的某个理想而奋斗，很少去理解在奋斗中所遇到的艰难困苦只是走出人生沙漠的必要考验。我们陷于太多的习惯思维，十几年甚至几十年，生命绕着圈子自然地老去却永远没有闪光，永远找不到生命的北极星，更不用说像北极星一样为别人指明方向了。

我们却活在今生今世。因此，幸福和快乐的真正源泉是如何过好每一个今天。今天的生命质量和明天息息相关，因为每一个明天都会变成今天，无数个明天组成了我们的未来，无数个今天组成了我们的幸福以及有关幸福的一切过程。

动物快乐在自然的天地中，人类快乐在对未来的美好期盼中，快乐在此时此刻一点一滴的努力中。没有未来，人便陷入万劫不复。没有今天，人便失去了存在的理由。但不管是今天还是未来，我们都要依靠生命的北极星来指引我们的灵魂，使我们能够迅速地走出人生的沙漠。

为挣脱束缚而努力

没有人希望自己的生命受到束缚，就像没有任何动物愿意被关在笼子里一样。

人一旦有了自觉意识之后的第一件事情就是和束缚抗争。

从十一二岁开始，青少年一般都会经历几年强烈的反叛期，这一时期的青少年，常常不管父母或老师说得对不对都和他们对着干。这一现象正是生命想要挣脱束缚的具体表现。可以说青少年对于父母的第一次抗争，就拉开了一辈子和各种各样的束缚进行斗争的序幕。动物通过角斗来宣示自己的力量，确定自己在群体中的地位；人类通过智慧和耐心来证明自己的能力，最终摆脱社会的束缚进入自由状态，尽管这一自由状态有可能只是一种虚幻，但争取进入这一状态的奋斗过程正好赋予了生命丰富的意义。

一个人与其说是为了理想而努力，还不如说是为了摆脱某种束缚而努力。如果我们出生在贫苦家庭，可能所有的努力只有一个目的，就是为了摆脱贫困。因为贫困给我们带来了太多的束缚，在贫困中生命得不到张扬，也得不到尊重。所以在贫困中的人常常更加能够自强不息，因为他的背后有足够的动力：想要像城里人一样过上好日子（尽管城里人日子不一定好过），想要像城里人一样吃得更多，走得更远。这些最朴素的理想恰恰变成了最持久的动力。

当人们脱离贫困之后，马上就会为了争取自己的社会地位而努力，因为社会地位的高低直接和一个人的尊严相关。一个人如果社会地位低下，就像一群狼中的尾狼一样，永远只能吃最后一口肉，永远得不到最好的机会，甚至得不到母狼的青睐。社会地位低下这一可悲的状态足以鼓动任何男人和女人用尽一切力量和办法来摆脱卑微。

当有了一定的社会地位之后，人们就开始要求精神的解放、心灵的自由，希望摆脱社会对于自己心灵和精神的限制。当我们发现现实世界的很多束缚不可挣脱时，我们希望自己的心灵得到解放，而这一挣脱心灵中各种束缚的过程正是伟大文学和哲学思想产生的过程。人们进行文学和哲学思考的主要目的就是为了解放自己的情感，同时获得通向幸福和自由的路径。

我曾经碰上一个叫左力的浙江学生，从小耳朵就完全失聪，到今天为止这个世界对他来说依然是一片寂静，但他却通过自己的努力一直读到了大学，而且一直都是好学生，他能够通过观察老师的嘴唇知道老师在讲什么，他写出来的文字流畅通顺，思想丰富；现在他还准备到国外最好的大学去读书，从唇读中文转向唇读英文。我们拥有美好听力的人都没有把英文听懂学好，面对左力这样的学生，我们除了努力，还有什么好抱怨的呢？

我把左力这样的人称作是带着束缚跳出了最美丽舞蹈的人。其实人的一辈子都有某些东西束缚着我们，不管是贫困生活还是社会地位，不管是传统习俗还是法律条文。生命的抗争就是在束缚中跳出美丽舞蹈的过程。

没有束缚的生命显得轻浮而没有分量，生命的束缚和挣脱束缚的努力，使我们的生命变得厚重而美丽。

下篇

写给生活

CHAPTER 9

第 9 章

适当地放下，才能得到真正的快乐

你有思考的时间吗？

有一个朋友曾经对我说："现在的生活变得很危险，因为我们忙得连思考的时间都没有了。"

我当时觉得他有点危言耸听。生活就是活在现实中，整天思考，可能会越想越糊涂。所以我还是坚持每天把事情排得满满的，让自己得不到一点空闲，仿佛一闲下来心就会空掉似的。在这样的忙碌中，一年又快过去了。10月底的一天，在几个朋友的"逼迫"下，我挤出了三天时间，由他们将我带离每天的繁忙，去丽江看看我从来没有见过的玉龙雪山。

丽江是个好地方，大研古镇里有高低错落的老房子，被岁月踩踏得高低不平的石板街道，横穿古城弯弯曲曲清流不断的小河，还有晚上酒吧的热闹和游客信步的悠闲。不过，很多游客来到丽江，不仅仅因为这是一座古城，能够给人们提供一点远离尘嚣的味道，还因为这座古城边上有一座北半球离赤道最近的美丽雪山，那就是五千多米高的玉龙雪山。

我们到达时已是夜晚，见不到山的影子。第二天早晨，我起床推开窗户，远处一座雪山披着霞光绕着云雾仿佛迎面而来，她的美丽使我呆立原地，久久不能动弹，身上似有一股电流通过。在清晨，玉龙雪山大方地把她的美丽展现在了我的面前。

此后的三天行程，我们几乎都是绕着玉龙雪山在转，丽江古城在雪山的这一边，虎跳峡在雪山的那一边。前两天，我们都是远远地看着雪山，体会她的庄严和神圣。最后一天，大家说要走近雪山去看一看，于是就驱车向着雪山的方向走去。汽车行驶在山路上的时候，玉龙雪山突然消失不见了。眼前出现了很多山峰，都显得高峻伟岸，只是顶上没有积雪。我们翻过高高低低的山头，心情开始不安起来。突然，雪山最高峰扇子陡，引领着其他几座雪峰，耸立在了我们面前，它的威严和美丽再一次让我呆若木鸡。

我们决定坐在山脚下，带着敬畏的心情仰视雪山。在默默静坐的时刻，我突然想到刚才在山里面转来转去，就是看不到雪山主峰的情景，心里为之一震。小山在眼前，挡住了背后的大山，以至于我们看不到大山的雄伟和纯净。这不正像在现实生活中，我们也常常被眼前的利益和短期目标所阻挡，以至于失去了远大的理想和崇高的追求吗？

我们自以为很忙碌，甚至没有一刻空闲的时间来思考自己所做事情的最终目的和价值，结果却陷入空虚和茫然之中。

在教室里苦读的时刻，在办公室忙碌的时刻，在生意场上钻营的时刻，有多少人问过自己心中那高大纯洁的雪峰到底在哪里呢？有多少人能不管现实生活多么残酷，为自己在心灵一角永远保留一片无论如何都不会被污染的天空呢？遇到人与人之间为了利益、地位、权力而互相计较、互相争夺、互相妒忌和互相诋毁的时候，刚开始我们也许想保持高洁，置身事外，但久而久之，看到那些斤斤计较的人往往能够得到眼前的好处，便开始心理不平衡，开始介入争夺之中。

有时候我们确实想坚持心中的那么一点高贵，但架不住周围所有的人都认为自己是傻瓜的想法，能够和光同尘同时又遗世独立的人并不多。世俗的眼光会以压倒性的力量使你屈服，迫使你变得和其他人一样平庸。渐渐地，你就发现变得平庸会让自己的生活更容易，也会让其他人更舒服，于是向现实屈服就变成了习惯。

有这样一个故事，一个国家的国王发现整个国家的人都因为喝了一口井里的水而疯了。他千方百计到处找药希望治好大家的病，但所有人都拒绝吃药，都认为国王疯了，最后国王不得不也去喝井水变成疯子，于是举国欢腾，庆祝国王变得正常。实际上，这个国家已经彻底变成了疯子的国度。

世界靠精神和道德的引导走向辉煌，否则就离毁灭不远；人类靠内心的善良和纯真走向天堂，否则就离地狱不远。只有在繁杂匆忙的现实生活中，永远保留一点对崇高理想、幸福生活的向往，我们才能保有心中那座“披着霞光绕着云雾的雪山”。

又一次想起了朋友的话，确实，当我们忙得连一点思考的时间都没有时，我们的生活就变得相当危险了。

三文鱼的生命旅程

在饭桌上品尝美味的三文鱼时，我们中也许很少有人知道它们令人感动的生命故事。

三文鱼的一生令人惊叹！尤其令人感动的是它们生命的最后一刻。

从还是鱼卵的时候开始，它们的生命就经受了考验。每一条雌鱼能够产下大约4000个鱼卵，并想方设法将其藏在卵石下，但大量的鱼卵还是被其他鱼类和鸟类当作美味吃掉了——幸存下来的鱼卵躲在石头下面熬过冬天，慢慢发育成幼鱼。春天来临时，幼鱼便顺流而下，进入淡水湖，在湖中度过大约一年的时光，然后再顺流而下进入大海。在湖中的时候，尽管东躲西藏，大多数幼鱼依然逃不过被捕食的命运，每四条进入湖中的鱼就有三条被吃掉，只有一条能够进入大海。危险并没有停止，进入广袤的大海，意味着进入了一个更加危险的区域。在无边无际的北太平洋中，它们一边努力地长大，一边面对鲸鱼、海豹和其他鱼类的进攻，同时还有大量更具危险性的捕鱼船在威胁它们的生命。整整四年，经历无数艰险，它们才能长成重量在三公斤左右的成熟三文鱼。

成熟之后，一种内在的使命感召唤它们开始回家的旅程。10月初，所有成熟的三文鱼在佛雷瑟河口集结，浩浩荡荡地游向它们的出生地，这才是它们生命最辉煌最悲壮时刻的开始。从进入河口开始，它们就不再吃任何东西，全力赶路，在逆流而上的路途中消耗掉自身几乎所有的能量和体力。为了闯过一个个急流和险滩，它们要一次又一次地从水面上跃起。有些鱼跃到了岸上，变成了其他动物的美味；有些鱼在快要到达目的地的时候力竭而亡，和它们一起死去的还有肚子里的几千个鱼卵。在一路奋力而上的过程中，由于能量的大量消耗，鱼身变得浑身通红，鱼头变成了墨绿色。在最初那条雌鱼产下的每四千个鱼卵中，只有两个能够成活长大并最终回到产卵地。到达产卵地后，它们顾不上片刻休息，开始成双成对地挖坑产卵受精。为了得到更好更安全的产卵地，鱼与鱼之间进行着激烈的争夺。与此同时，白天有大量鹰隼俯冲而下抓捕三文鱼，晚上则有大量的熊和郊狼来参与捕食。产卵受精完毕之后，三文鱼精疲力竭双双死去，河水中到处漂浮着死去的三文鱼。它们在生命最后的挣扎中完成了自己的使命，把新一轮生命让给后代，结束了只为繁殖下一代而进行的死亡之旅。冬天来临，白雪覆盖大地，整个世界一片静谧。在寂静的河水下面，新的生命开始成长。

三文鱼的一生，充满了危险和悲壮，它们克服种种困难，躲避无数危险，在生命的最后时刻，搏击逆流，洄游产卵，为自己的生命画上句号。这样做也许只是遗传和基因使然，并不是一种自觉的精神意识。但在我们人类看来，这一现象依然令人感动，让我们思索和振奋。三文鱼的一生贯穿着明晰的生命主线：成长，不顾各种艰难险阻地成长；体验，不管大海多么不可预测，也要去体验从平静湖水游向大海的过程；使命，不管遭遇多少险阻都要完成一生的使命，返回出生地去繁衍后代，就算以生命为代价也在所不惜。三文鱼的一生因这条生命的主线而变得慷慨悲壮，震撼人心。

人类生命的进程中，也应该有非常明晰的生命主线。我们应该努力成长，不惜一切代价使生命变得成熟。为了成熟我们应该去体验，体验自然、人文、社会和历史，由此使我们的生命臻于完美。我们更需要使命感，因为人活着不仅仅是为了活着，生命的背后有使命存在。这些使命也许各不相同，但从终极意义上来说应该是一致的，就是努力让我们和我们的后代在更加和谐自然的世界中幸福地生活。

在现实生活中，有太多的人忘记了自己需要成长，变得懒惰、无聊和平庸；有太多的人忘记了应该去体验，变得胆怯、狭隘和固执；有太多的人忘记了自己承担的使命，变得苍白、迷茫和失落。

在三文鱼洄游的季节，来到河边的人成千上万。在观看三文鱼生死搏击的同时，我们是否能从它们身上得到一点点感悟，并且重新开始思考自己的生命历程呢？

不完美生活的美好

美国著名的绘本作家谢尔·希尔费斯坦讲过一个很有哲理的故事。

有一个圆缺了一角。他很烦恼，觉得自己缺了一角，不再完美。为此，他开始出发去寻找缺了的一角。他向前滚动，一边走一边唱："千里独行路迢迢，我要去寻找失落的一角。"他忍受着日晒、冰凉的大雨，冰雪把他冻僵，太阳出来又把他暖热。因为他不是完整的圆，所以行走起来不是很快。他可以边走边和小虫说说话，或者闻闻花香，或者超超甲虫的车，有时候甲虫也超超他的车。最美好的时刻是蝴蝶停在他身上的时刻。

他继续前进，渡过海洋，经过沼泽和丛林，上山，下山，一边走一边唱，终于看到了一角。他高兴地问："你是我失落的一角吗？"那一角说："先别唱什么千里独行路迢迢。我不是你失落的一角，也不是谁的一角，我就是我自己。"这个圆听了以后只能伤心地上路。后来他又找到了另外的一角，发现太小；又找到另外一角，发现太大；又找到另外一角发现太尖，结果差点儿把他给刺破了；又找了另外的一角发现太方了，不合适；又找到了一角发现挺合适，但是没有抓牢结果跑掉了；又找到了一角，这一次抓得太紧，结果给捏碎了。

他只得悲伤地继续前进，遇到了很多危险，掉到坑里，撞到墙上，最后终于看到了一角，看上去很合适，于是他就问：“你是我失落的一角吗？”这一角说：“我不是，我是自己的一角，但也可以是别人的一角，只要两者在一起合适就行。”于是他俩组合到了一起，感觉真好。总算找到了，变成了一个完整的圆，什么都不缺少了。

他们一起继续向前滚动，由于是一个完整的圆，所以越滚越快，快得不能停下来和小虫说话，不能闻闻花香，不能让蝴蝶停在身上，但是他总算还可以唱歌，唱完美的歌：“走遍千山万水路迢迢，我终于找到了失落的一角。”但唱着唱着就没有歌词了。天哪，他现在什么都不缺了，因此再也没有可以歌唱的内容了。他想了想，终于明白了这里面有点儿问题。

他停了下来，轻轻把那一角放下，从容地走开，一路走一路唱：“千里独行路迢迢，我要去寻找失落的一角。”他又可以和小虫说话了，他又可以让蝴蝶停在身上了。

其实，这就是生活，当你拥有一切的时候你就失去了一切。当你不拥有的时候你在寻找，你在寻找的不仅仅是现实生活中的那点东西，你还在寻找着你心灵中所缺少的那点东西。心灵中所缺少的那点东西往往是永远不可能用其他东西来弥补的，只能用你永不停止的脚步，以及对每一天生活的感受来弥补。

我们有的时候真的要去听小虫唱唱歌，到东湖边上去走一走，登上黄鹤楼去看一看，在朦胧中听长江滚滚东流，好像这种东西就是填补我们生命的遗憾和空缺的。

任何一个追求完美生活的人都应该明白对于人来说是没有完美的生活的，我们只能追求更好的生活。

为自己留下一些令人感动的日子

人这一辈子经常是在不知不觉稀里糊涂中度过的，等到我们后悔时，生命中已经有了太多无法弥补的缺憾。

什么样的日子才是令人感动的日子呢？

我们充分意识到人生的最终价值，并且从此坚守这些价值的那一天，就是我们生命中令人感动的日子。

在加拿大有一对老夫妇，有一天面对西下的夕阳，突然发现自己辛辛苦苦挣了一辈子的钱，却没有实现生命的意义，于是他们下决心用全部的积蓄来修建一座世界上最美丽的宝翠花园（The Butchart Gardens）。这座花园就是今天世界上最著名的花园。老夫妇已经去世了，但花园却成了他们灵魂的永恒象征，永远散发着鲜花的芬芳。

在追求人生目标时，我们经常能创造令人感动的日子。当我们历经千难万险，终于实现了自己的人生梦想，我们的奋斗历程就永远铭刻在了心中，回想起这些奋斗的日子，常常能让我们对未来充满勇气和信心。我的一个朋友为了学好英语，下决心在半年内把《新概念英语》第二册到第四册背得滚瓜烂熟，他不断地听磁带，练发音，跟着读，反复背，平均每天学习 10 小时之上，半年后终于把近 200 篇文章倒背如流。当他背给我听的时候，我的眼泪唰地流了下来。学习新概念的日子成了他终生难忘的日子，成了他以后人生奋斗的动力之源。

在平凡的日常生活中，我们也经常能创造出令人感动的日子。当你以为所有的人都把你的生日忘记了，正在独自黯然神伤时，朋友突然捧出一束鲜花，你会是怎样的感动啊！当雪天路滑，你不小心跌倒时，有人上来扶你一把，然后留下一个灿烂的微笑飘然而去时，你的心中又会涌起多少感激呢？生活中有太多令自己感动又令别人感动的日子，我们一定要努力去创造。

当你的生活中出现令人感动的事情时，请在日记本上记下来，并做一个美丽的记号。一年后，清点你的日子，数一数这一年里有多少让你和别人感动的日子。这样的日子越多，你的生命就会越丰富、越灿烂！

生活在自在和豁达的心境中

所谓潇洒与豁达，就是在知道自己失去了某些东西之后，能够用一种开放、乐观的心态来对待自己的生活，要承认自己是人，而不是神。

当别人批评你，指正你缺点的时候，你可以承认自己有缺点，可以改正，但不应该因为别人指责你的缺点而感到愤怒。别人说你长得很矮，如果事实确实如此，你就不妨承认。别人说你长得很难看，如果你确实长得很难看，你也不妨承认。不能改变的事实，我们没有必要去计较。你不能太在意别人对你的看法，何况别人的看法也会随着你的进步而不断改变。

潇洒和豁达意味着对自己的精神有充分的自信，也意味着能够抛弃个人恩怨。谈论别人的事情的时候，很多人都可以谈笑自如；谈论自己的失败和缺点时，能谈笑自如的人就非常少了，因为人总爱像蜗牛一样保护自己。如果你谈到自己的时候还能谈笑自如，如果你拥有强烈的自嘲精神，你就能保持自己的自信，也能保有自己的尊严。

潇洒和豁达还意味着对生活中的不如意持有容忍和乐观的态度。我们生活中每天都有个人恩怨产生，容忍这些事情意味着你深刻了解人性的弱点，因为正是人性的弱点带来了个人的恩怨，带来了不如意的事情。我们要以宽容的态度来对待别人。有的人自私，有的人爱面子，有的人心胸狭窄，你要知道这是人间最正常的事情。但是不能因为别人自私，你也自私，别人要面子，你也要面子，否则你就不能达到潇洒与豁达的境界。潇洒与豁达的境界意味着你能超越别人，同时又能原谅别人。潇洒与豁达的境界意味着你能够部分地摆脱人性的弱点，并在此基础上以超然的态度来对待周围的人和事。

我最喜欢这样的四句话，第一句话是：爱的时候，要像从来没有因为爱而失望过一样。

人们很容易因为爱而失望。如果你爱过别人，又被你爱的人伤害，你就很难再爱第二次。我看到过一个说法，一个女人第一次失恋会痛苦六个月，第二次失恋会痛苦三个月，第三次就再也不痛苦了，因为在男人把她抛弃以前，她就已经把男人抛弃了。这种做法好像能使生活变得轻松，但却是一种玩世不恭的做法。真正重要的是在一再被人抛弃、一再因爱而受伤害的时候，你依然能够真诚地去爱，在别人抛弃你的时候你依然能够尊重别人，也就是说你的爱不受外界环境的影响。若能如此，你就活得真诚而潇洒了。

第二句话是：工作的时候，要像自己不需要钱一样。

工作应该是因为工作本身给你带来乐趣，如果只是为了钱工作，工作的乐趣就会荡然无存。一心工作，到最后你一定会得到回报，不仅是财富上的，而且是尊严上、友情上、地位上的回报。这些回报加起来，远远比你单纯计较钱的回报要大得多。世界上很多人没法理解这个道理。

最后两句话是：跳舞的时候，要像没有人在看你那样；唱歌的时候，要像没有人在听你一样。

不仅仅是跳舞唱歌的时候，生活中很多事情都是如此。如果做事情的时候担心别人的评判，希望得到别人的赞美，你就会非常拘谨，就会把自己伪善的一面暴露出来，别人就会更加看不起你。在尊重别人的自由和尊严的前提下师心任性，别人会对你更加尊重。要达到这两句话的境界，跳舞随性而跳，唱歌随性而唱，也是不容易的事情。中国的少数民族同胞跳起舞来，唱起歌来都非常美，那是因为他们在发挥自己的本性，在尽情表达自己真实的欢乐和痛苦。我们唱歌的时候，往往每唱一句都会担心别人到底怎么想，而这恰恰会使我们的生活变得忸怩而拘谨。

空虚是一件好事

人为什么想做事情？因为无所事事会让人感到很空虚，而空虚是需要填补的，所以人们会去做填补空虚的事情。从这个意义上来说，空虚不是一件坏事，因为它是人开始做事情的动力之一。

每个人填补空虚的方式不一样，根据爱好、年龄、地域、目标、境界而定。填补空虚的事情没有绝对的好坏，比如对于一个年轻人来说，选择天天打麻将或者打游戏来填补自己的空虚，可能会走向更加空虚和无聊；但对于一个老年人来说，选择打麻将或者打游戏也许能够活跃大脑思维，防止老年痴呆。

寻找有意义的事情做，是填补空虚最好的方式，因为有意义的事情不仅填补了空虚，而且还会令人产生成就感。比如，用读书来填补空虚，学到知识的同时还得到了心灵的宁静；用旅游来填补空虚，不仅开阔了眼界，胸怀也会变得宽广。

此外，如果一头扎入自己最心爱的事情来填补空虚，不仅会产生成就感，还有可能做出一番真正的成就。很多有名的诗人、小说家、音乐家、画家，都是全身心地投入到自己心爱的创作里面，最后功成名就。

心爱的事情是可以培养的。我有一个朋友原来并不热衷收藏旧家具，后来把经营的公司卖了，无所事事就开始学着收藏旧家具。现在他已经成了小有名气的旧家具收藏家，对于旧家具的热爱到了痴迷的地步，最后对别的东西几乎都视而不见了，并且由研究家具开始进而研究历史和习俗，内心的空虚被彻底填满。

有时候我们以为某个理想实现了，或者某件事情完成了，生命就充实了。其实，生命是一个不断前行的过程，就像爬上一座山头之前，我们把山头作为目标，但到达顶峰后却常常会四顾茫然，不知道需要爬的下一个山头在哪里。任何成就感都无法延续一辈子，实现一个目标后会产生新的空虚，需要我们继续去填补。我们常常羡慕恩爱夫妻和热恋中的男女，但互相深爱的人填满了彼此的世界，可能同时也减少了彼此创造成就的动力。

如果有一天你发现家不是你最想待的地方，或者每天面对你的爱人有点空虚，这并不是一件坏事。有的人运气不好，结婚后不得不面对一个天天挑剔你、训斥你的人，这也不是一件坏事。苏格拉底没有一个彪悍的妻子不会成为哲学家，林肯没有一个凶悍的老婆不会成为美国总统。我猜他们已经把老婆的彪悍变成了一种激励和驱动的方式，促使他们在事业上勇往直前。

如果你在家里感到空虚，在单位感到空虚，在马路上走着的时候感到空虚，那祝贺你，因为这意味着你即将开始填补空虚，着手去做有意义的事。

有些时间是用来“浪费”的

《圣经》中上帝花 6 天时间，却把第 7 天留给了自己，用来欣赏自己在前 6 天里创造的人和自然。在学习和工作之余，我们也应该把一部分时间留给自己，抬头看繁星闪烁，低头看月光如水，使我们的生命变得更加豁达和自在。

记得小时候，白天我总是喜欢躺在阳光灿烂的原野上，看天上的云朵不断变换形状，听树的涛声随风此起彼伏。到了夜晚，一抬头就能看见满天繁星闪烁，偶尔还能看见美丽的流星划过夜空，走在月光如水的路上，远处传来的是一片空灵的蛙鸣。

童年的我生活在农村，还没有现在孩子们如此沉重的学习负担，还没有今天压得喘不过气来的繁忙工作。即使是劳动，也是与天地为伍，以牛羊为伴。童年的生活使我对自然充满热爱，也对生活多了一份诗意的回忆和向往，让我总在不知不觉中去寻找生活的美丽。

现在的社会，以学习和工作的名义，把人们生活中本该存在的美好剥夺殆尽，使人们需要滋润的心灵变得像沙漠一样枯竭。繁忙不再给人们留下一分钟的自在，天空在楼房之间被挤压得变成了一条细缝。学生们被沉重的书包压弯了腰，很少再抬头看一眼天空。他们唱着《流星雨》，却从来没有被美丽的夜空所感动，更不知道北极星到底闪烁在黑夜的哪一片天空。工作的人们为了财富和地位拼命奔忙，在拥挤的人流中起起落落，再也没有闲心看一眼天空中的云卷云舒，想一想地平线那边的山高水长。

这样说并不是要求大家不再学习和工作。

我曾经在一本书上读到一句话："有些时间就是用来浪费的。"刚读到时，浑身为之颤抖。老师们一直在告诫学生不要浪费时间，我们一直在提醒自己不要浪费生命。现在却有人呐喊：请浪费一些时间！难道这是要教人堕落吗？不！如果有些时间是用来浪费的，那一定有另外一些时间是不能浪费的。实际上用一些时间来使自己的精神放松，正是为了更好地利用另一些时间，使我们的学习和工作达到最佳的效果。健康的体魄和健全的精神是一切事业的基础，只有把努力和勤奋放在轻松自在的心情中，把学习和工作看作生命的渴望，而非生命的负担时，人们才能得到健全的精神和自在的生活。

留白天地宽，让我们为自己留出足够的时间和天地，放弃一些我们以为绝对不能放弃的东西。当我们的生命充满了无谓的执着，生活就会陷入没有星星和月亮的黑夜，黑得伸手不见五指，黑得我们看不见生命的方向，这样的生活对于我们又有什么意义呢？

允许自己停下来，才能重新上路

在我的生活和工作中，有5句话对我来说有十分重要的指导意义。

优秀是一种习惯

这句话是古希腊哲学家亚里士多德说的。人出生的时候，除了脾气会因为天性而有所不同，其他的东西基本都是后天形成的，是家庭影响和教育的结果。所以，我们的一言一行都是日积月累养成的习惯。有的人形成了很好的习惯，有的人形成了很坏的习惯。到20岁左右的时候，我们已经有了自觉意识，已经开始明白什么样的习惯会使我们终生受益。所以我们从现在起就要把优秀变成一种习惯，使我们的优秀行为习以为常，变成我们的第二天性。让我们习惯性地去创造性思考，习惯性地去认真做事情，习惯性地对别人友好，习惯性地欣赏大自然。你养成了优秀的习惯，在人们眼中你就会显得优秀。比如，让我们今天就学会微笑，把悲伤留给自己，把快乐带给别人。不管你是真心的还是职业性的微笑，只要你笑了，就会很美丽很好看，就会给别人留下美好的印象。

生命是一种过程

事业的结果尽管重要，但是做事情的过程更加重要，因为我们是在每一天的过程中生活，每一天都不幸福，就等于整个生命都不幸福。所以尽管我们注重事业的结果，因为结果好了我们会更加快乐，但过程使我们的生命充实。

把种子撒进地里，种子自然会成长，长到最后自然会有收获，但是在维护庄稼成长的过程中给它浇水和施肥更为重要。因为只有这样，种子才会长得健壮，收获才会更好。另外，你每天日出而作，日落而息的劳动过程是人生最美好的体验。迎着太阳的你走向美丽的大地。看着夕阳西下，扛着锄头回家，这种感觉难道不是很美好吗？差不多到了陶渊明的“采菊东篱下，悠然见南山”的境界了。

所以大家一定要寻求每一天的充实。在生活和工作中，用心去体验，这种体验也是丰富你生命的一个过程。

两点之间最短的距离并不一定是直线

在人与人的关系以及做事情的过程中，我们很难直截了当就把事情做好。我们有时需要等待，有时需要合作，有时需要技巧。

也许飞机能够在两点之间直飞，但如果前面有个大气流，必须转一个弯，绕过那个大气流飞行。我们做事情会碰到很多困难和障碍，有时候并不一定要硬挺，硬冲，我们可以选择有困难绕过去，有障碍绕过去，也许这样做事情会更加顺利。大家想一想，我们和别人说话还得想想哪句话更好听呢。尤其在中国这个比较复杂的社会中，大家要学会想办法谅解别人，要让人觉得你这个人很成熟，很不错，你才能把事情做成。

只有知道如何停止的人才知道如何加快速度

我初学滑雪的时候，最大的体会就是停不下来。我刚开始没有请教练，看着别人滑雪，觉得很容易，不就是从山顶滑到山下吗？于是我穿上滑雪板，哧溜一下就滑下去了，结果我从山顶滑到山下，实际上是滚到山下，就没有能够爬起来，摔了几百个跟斗。我发现我根本就不知道怎么停止，怎么保持平衡。最后我反复观察别人是怎么停，怎么滑的，然后再一点一点地学，反复练习怎么在雪地上、斜坡上停下来。练了一个礼拜，我终于学会了在任何坡上停止，滑行，再停止。这个时候我就发现自己会滑雪了，就敢从山顶高速地往山坡下冲。因为我知道只要我想停，一转身就能停下来。只要你能停下来，你就不会撞上树，撞上石头，撞上人，你就不会被撞死。因此只有知道如何停止的人，才知道如何高速前进。

放弃是一种智慧，缺点是一种恩惠

在生活中，我们最愚蠢的行为就是太执着于自己的东西，把自己的东西捏着不放，不愿意放弃。如果你捏着不放，别人就不会把他的东西和你一起分享。

那什么叫缺点是一种恩惠呢？如果我们是完美的，我们就没有了发展的空间。一生下来就什么都有了，这人还有什么活头？做人最大的乐趣在于通过奋斗去获得我们想要的东西。所以有缺点意味着我们可以进一步完美，有匮乏之处意味着我们可以进一步努力。

我在美国看过一部电视片，讲的是一位富翁给后代留下了用不尽的遗产，结果他的后代全都变成了吸毒的、自杀的、进监狱的，或者精神病患者。为什么会这样呢？因为这位富翁给自己后代留下的钱太多了，以至于他们不需要劳动就可以继承一大笔财产。继承一大笔财富，就几乎什么都能买到。大家都知道钱的作用在于能买到物质世界中你所需要的全部东西，但唯一买不到的就是你心灵的充实、别人的友情以及真诚的爱情。由于这些都是买不到的，所以你越有钱，心灵就越空虚，心灵越空虚，你就会极力用钱来填补自己的空虚，最后没有办法了就只能以吸毒来代替，使自己进入一个虚幻的世界。

当一个人什么都不缺的时候，他的生存空间就被剥夺掉了。如果我们每天早上醒过来，感到自己今天缺点儿什么，感到自己还需要更加完美，感到自己还有追求，这是一件多么值得高兴的事情啊！

满足不等于停止进步

我是不是一个很容易满足的人要看什么方面了。我吃饭从来不挑，每天三碗面就打发了，方便面也行。穿衣服也不挑，我身上没有什么名牌服装。对于新东方做大做小，我也无所谓，不论大小，只要自己做得开心就行，只要来学习的学生开心就行。做得再大，自己不开心，一点意思都没有，把别人弄得不开心了，更没有意思。现在新东方做大了，我最害怕新东方的员工不开心，最害怕学生不开心，我自己开不开心倒无所谓。其实还是有所谓的，但是你周围人多，你就得大公无私一点，所以有时候不开心也只能忍着。但我还是很努力的，我还在努力学习，读各种书籍。我还在努力学单板滑雪，常常摔得半死不活。人们说是老狗学新把戏，但我还是自得其乐。努力一点，使自己的思想和血液流动得更快一点。一个人的满足应该是对于物质世界而言的，思想和学习不能够满足，否则灵魂就死了，人活着就没有什么意思了。

其实在我看来，新东方没有什么神奇之处，我们只是要求老师更多地理解学生，知道学生想听什么，并且以恰当的方式把知识传授给学生。所有的能量都在学生身上，只有学生自己想学，才能够真正学好，所以我们强调老师要调动学生的学习积极性。中国的传统教学讲究一板一眼，新东方喜欢欢蹦乱跳；中国的传统教学以老师为中心，新东方以学生为中心。

我们对老师主要有四个方面的要求：教学内容、激情、励志和幽默。教学内容就是要求老师上课时内容丰富，基础扎实，讲课熟练，切合主题，少讲废话。激情是贯穿整个授课过程的一种感染力，一种让学生感到你在拼命的精神。激情是通过老师的行动、语言、语调和发自内心的对教学的热爱体现出来的。新东方的很多老师在上课时常常因为自身的努力而感动学生。新东方有一句话：只有一堂让自己都感动的课，才能感动你的学生。激情是打动人心的最重要的因素。励志就是用那些让人听了热血沸腾的语言、故事和格言使学生从痛苦、失败和沮丧中振作起来，使他们感到生命开始充满力量，产生想冲出去拥抱整个世界的感觉。幽默是在授课的过程中让学生感到老师的语言生动活泼，使学生在轻松愉快之余，接受各种知识。如果一个老师能够把这四大要素完美地结合在一起，那他就能够成为新东方的品牌老师，成为新东方的骄傲。这四大要素要有机地结合在一起：讲教学内容必须贯穿整个课堂，这是学生之所以来到新东方最重要的原因；激情必须体现在讲课的每一句话语里，这是让学生认同你的最重要的因素；励志必须一两句话就能够打动人心，太啰嗦肯定让学生心烦；幽默必须润物细无声地体现，否则就成了平庸的笑话和无聊的打趣。

CHAPTER 10

第 10 章

在难熬的日子里学会诗意地生活

诗意的生活

诗几乎可以表达人类生活的所有情感，情深而成文字即为诗。

每一个人心中都为诗留着一片圣地，只不过随着岁月的流逝，琐碎的生活用厚厚的尘埃把人们心中的这块圣地封闭了起来，让人们变得日渐迟钝。我们为了名誉和地位而勾心斗角，我们为了权力和利益而蝇营狗苟，我们忘了生活中还有诗歌存在。但在我们心中，诗歌这片圣地永远不会消失，只要一有机会，就像花树遇春风一样，一瞬间就能够开放出灿烂的花朵。

什么是诗意的生活呢？

在学校里，除了每天在教室里听课在图书馆看书之外，除了匆匆穿行于宿舍食堂教室三点一线之外，你也有过躺在草坪上看白云飘过的时候，也有过一个人静静地坐在池塘边发呆的时候，也有过在黑夜里被教室的灯光所感动的时候，也有过在春天看枯草泛绿在秋天听秋风扫落叶的时候，也有过斜靠在床上就着昏暗的床头灯捧着自己心爱的书舍不得放下的时候。如果你经历过这些，那你已经有了诗意的生活。

在工作中，除了天天伏案工作面对电脑之外，除了朝九晚五拥挤奔波忙碌之外，你也曾在自己的办公桌上放上一盆绿色植物并小心养护，也曾抬头看见夕阳正慢慢下到山的那一边，也曾轻轻哼唱自己最喜欢的流行歌曲放松心情，也曾喝上一杯咖啡让自己的想象随咖啡的芳香一起飘飞。如果你有过这些体验，那你也已经有了诗意的生活。

诗意的生活不是故意去寻找的，不是摆脱了一切世俗事务去浪迹天涯，而是这样一种能力——身处琐碎的事务却不被日常事务所淹没，总能在不经意间抬头看一看天空，想一想远方，做一做白日梦。很多人陷入世俗事务的纠葛中，就像一个不会游泳的人跳进水中一样，除了痛苦的挣扎和绝望什么都没有。而诗意的生活就像一个会游泳的人，在水中能过，而所有的植物都在微风中能够悠然自得，既能够和水相融，也能够体会到搏击大海、劈波斩浪的快感。

那些懂得生活的人总能够从平凡的日子中找到美好，找到让自己心灵获得营养的诗意瞬间。不信？你暂时放下手中枯燥的教科书或烦琐的工作，轻轻闭上眼睛，侧耳听一下，也许微风正从窗外吹过，而所有的植物都在微风中浅唱低吟。

上帝在一开始创造世界的时候就已经是工作六天休息一天，现在我们已经做到了工作五天休息两天，表面上比上帝还进步了。其实不然，我们常常用这两天的时间更加拼命学习或工作，拼命联络别人构建所谓的社会关系，往往疲惫之感比工作五天还甚。

还记得小时候我很喜欢星期天，因为一到星期天我们就可以在原野上奔跑，去追逐蝴蝶也追逐自己的生命。而现在的孩子害怕周末，因为周末一到，家长安排的无数课外学习和补习在等着孩子们，让孩子们更加没有时间去品味生命。很少有家长带着孩子一起到原野上奔跑，一起去认识一下每天吃的农作物在地里是什么样子，一起晚上躺在没有城市灯光的地方数数天上的星星。孩子从小的生活就没有了诗意，长大了除了成为工作狂或厌世者，很难成为快乐地行走并且给世界带来快乐的人，很难成为一个有诗意的从容生活的人。

因此，请从这一刻开始暂时放下手中的学习和工作，关掉电脑和手机，闭上眼睛调整呼吸，把脑子里令人烦恼的世俗事务驱逐出去，然后再睁开眼看一眼窗外的天空，想象一下城市之外的大地，那里鲜花正在盛开，河水正在奔流，百鸟正在歌唱，那里的每一株草每一棵树都在等待着你，等你去寻找诗意的生活：

没有什么能够阻挡
你对自由的向往
天马行空的生涯
你的心了无牵挂

不要“习以为常”

“习以为常”是破坏美好生活的罪魁祸首。

人一旦陷入到习以为常的状态，就会失去对美好事物的感知和体验能力。然而，我们生活中有太多的习以为常：对于在黑暗中随手打开电灯就能见到光明习以为常，对于在图书馆随时都能借到自己想读的图书习以为常，对于在地球任何一个角落都能用手机听到亲人的声音习以为常，对于从小到大父母对我们的关心和爱护习以为常。这些“习以为常”让我们失去了生命中本该拥有的快乐和幸福。

感知能力是快乐和幸福的源泉。

如果在学校你能够感觉到读书的快乐，在单位能够体会到工作的成就感，回家后能够感觉到家的温馨，那就说明你还保留着对于幸福和快乐的感知能力。但对于很多人来说，这样的感知能力正在慢慢消失，最终不可避免地陷入到“习以为常”中。我们都知道这句话：“久居兰室不闻其香，久居鲍市不闻其臭。”为什么会出现这样的情况呢？因为日复一日的相同经历会使人产生审美上的厌倦和疲劳，大脑无法再保持兴奋感。这是一种生理和心理反应的必然结果，有的时候不以人的意志为转移。我们可以反复告诫自己一定要珍惜美好生活，但却总是不自觉地陷入到麻木甚至厌倦状态。

那么，究竟怎样才能改善这种状态，重新感知到幸福和快乐呢？

答案是：不要让美好的东西太容易得到。

越难得到的东西越会被珍惜，从中获得的幸福感也就越长久。我们小时候有一把玩具手枪或看一场电影，是极为奢侈的事情。记得一个上海亲戚下乡来，送了我一把玩具手枪，结果这把枪成了我的贴身宝贝，一直陪了我十年，直到现在想起来，还能体会到它曾带给我的那种幸福和满足感。小时候看电影，都是露天电影，而且常常要摸黑走十里地，但那时看电影所感受到的快乐和幸福，现在进一百次电影院都比不上。

我非常庆幸从小生活在农村，在点着煤油灯的日子里度过了自己童年和少年的学习时光，因为它让我对今天的生活无比珍惜。那时候，读书不是件容易的事情，若找到一本书来读，能让我高兴得几天几夜都睡不着觉。所以，今天我一看到身旁触手可及的书，内心就会泛起由衷的喜悦和满足。小时候，我从没见过电灯，每次读书都要在黑暗中摸索着把煤油灯点上。所以，现在一摁开关就看到明亮的灯光，我的内心也会在一瞬间溢满温馨和感动。

所有伟大都源自母亲

伟大源于平凡，平凡也总是销蚀伟大。为了破除这个悖论，我们开始寻觅模仿的对象，却又在盲目追崇中迷失自我。

然而，我们时常忘记，这世上所有的伟大都源自一个群体，她们的名字叫作母亲。她们才是我们生命中至高又至切的榜样。

几乎每个人心目中都有一个值得自己崇拜的偶像，每个人都在自觉不自觉地寻找生命的榜样，这些榜样有时候像迷雾中的航标灯，指明了我们本来已经迷失的生命方向。但大多数榜样毕竟离我们很遥远，不是历史人物就是远在他乡，当我们真正需要他们的时候，他们很少会出现在我们的身旁；然而在最痛苦、绝望、迷茫、脆弱的时刻，我们最需要的就是有人在身边扶我们一把，给我们一点鼓励，给我们一点温暖。

其实，真正的伟大每天都存在于我们身边。这是一个群体的伟大，这个群体体现了伟大的所有特征，世界上所有的伟大都源于这个群体，源于这个群体给予伟大所需要的所有滋润和营养。这个群体的名字叫作母亲。当我们抛弃所有关于伟大的玄妙概念，抛弃那些常常让我们幻灭的追随榜样，我们便能够从母亲身上学到所有关于伟大的成分以及使自己变得伟大的途径。

母亲的心中充满着爱。不管孩子是健康的、残疾的、聪明的、愚笨的、漂亮的还是丑陋的，母亲都对自己的孩子充满了无条件的爱。即使全世界都把你抛弃了，母亲也绝不会把你抛弃。即使全世界都不能原谅你所犯的错误，第一个原谅你的人一定是你的母亲。如果我们能够像母亲一样，把心中的爱给予世界上所有的人，世界就会变成一个灿烂的春天，而我们自己就有了佛陀的情怀。

母亲有着最好的欣赏精神。母亲对于自己的孩子总是欣赏的。她欣赏自己孩子的长相、一举一动，欣赏自己孩子的哪怕一点点进步。一个母亲很少会通过讽刺、打击、嘲弄来让孩子成长起来，她总是及时鼓励和帮助，使孩子取得更大的进步。因此当我们想起母亲，我们总是觉得温暖的，因为母亲从来不给我们寒冷，即使不得已的打骂也充满了温情。如果我们能够像母亲一样，用欣赏的眼光对待我们身边的每一个人，及时地鼓励那些需要鼓励的人，这个世界将会消除所有的歧视和偏见，变得阳光明媚，而我们自己就有了耶稣的胸襟。

母亲拥有最坚定不移的目标。母亲最坚定不移的目标就是让孩子健康成长。用呕心沥血、含辛茹苦来形容母亲对于孩子的抚育是绝对不过分的。为了孩子的成长，母亲常常牺牲自己的快乐、幸福和青春，有的时候甚至牺牲自己的生命。母亲在做这一切的时候永远是无怨无悔的态度。如果我们能够像母亲一样，对于自己的事业和志向有着无怨无悔的追求和爱护，世界上难道还有什么事情是做不成的吗？面对母亲为了孩子的成长所付出的努力，世界上任何其他的努力几乎都黯然失色。

母亲的付出最不需要回报。我们只听说过八九十岁的老母亲还在为了维持家庭而劳作奔波的故事，却很少听说过母亲找子女算账要求回报的事情。从孩子出生的第一天起，母亲就一直在付出中生活，但她们从来没有去计算她们是否能够得到回报。如果未来孩子们成功了，她们露出的是欣慰的微笑，如果未来孩子们失败了，她们敞开的是温暖的胸怀。因为不计回报，所以心中便没有了怨恨，只拥有欢喜。

将痛苦沉淀在心底

有一年夏天，我沿着黄河旅行，无数次站在黄河岸边，看滔滔河水像黄龙翻滚，自天际流下，把我的心都流成了无边无际的壮阔；看落日一次次像血一样融入河水，感觉好像生命被一次次重新染色，每一次都有奔腾到海的冲动。

但是，让我感受最深的却是这样一件事情。

有一次在黄河边上，我用瓶子灌了一瓶河水。泥沙混杂的水，被灌到水瓶里以后，依然十分浑浊，透过瓶子看到的只是浑浊昏黄的世界。在瓶子背后，看不到天，也看不到地。面对这样的水，我感到痛苦和绝望，感到黄河河床不断升高带来的灾难，感到人们在这种灾难中的呼喊。我把水瓶放在边上，痛苦地坐在岸边，看着黄河发呆。

一段时间后，我把眼神从远处收回来，猛然发现瓶子里的水开始变清了。浑浊的泥沙开始沉淀，瓶子上部的水变得越来越清澈。我看着这种变化，直到泥沙全部沉淀，只占到整个瓶子的五分之一，而其余的五分之四都变成了清清的河水。我慢慢把瓶子举起来，透过瓶子看到了天，看到了地，看到了生命中幸福与痛苦的界限。

原来，我们的幸福和痛苦也像黄河水一样。在匆忙和浮躁中，我们拼命地摇晃着自己的生活，直到生活变得一片浑浊，所有的幸福都掺上了痛苦的成分。假如清水是幸福，泥沙是痛苦，那我们一生的幸福的总量应该大于痛苦。我们时时感到痛苦，不是因为痛苦多于幸福，而是因为我们用了不恰当的方式，让痛苦像脱缰的野马，随意奔跑在我们生活的每一个角落。因为痛苦的渗透，我们本来应该清澈如水的生活，变得像黄河水一样，有了太多的杂质。如果我们能够静下心来，让痛苦沉淀在我们的心底，不管它会不会消失，都只让它占据我们心里的一小片空间，其余的大部分空间就会被幸福所充满。

我再次把目光投向黄河，发现它是那么壮阔和美丽。滔滔的河水翻着浊浪，从地平线那头流过来，从我脚下流过，又消失在地平线的另一头，使人无法不感受到我们这个星球所蕴涵的勃勃生机。我突然意识到，如果能把人的生命不断放大，放大到黄河一样壮阔，从远古和天边走来，向未来和大海流去，那我们的生命就不用再斤斤计较于幸福和痛苦的混合，而变成了一曲永远唱不完的黄河交响曲。

好书如挚友般让人心安

不管走到什么地方，我都会随身带上一本书，并不是一定要读书，也并不一定是因为一寸光阴一寸金的紧迫感，只是不管走到任何地方，如果手里没有一本书，总觉得心里空空的。

晚上睡觉前要是手中没有书，就觉得人像掉到了窟窿里一样，其实拿了也不一定读，但心里踏实，枕头边放着一本书，可以安心睡觉。每次出差，我都像搬运工似的在行李箱里放上一摞书，结果经常发现带的很多书连翻都没有翻开过又重新背回了家里，于是就告诫自己下次不要带那么多书。但下次出差仍然还是带很多书，沉甸甸地背出去，再原封不动地背回家，即使字不读，感觉也像是这些书在旅途中填补了心灵某个角落的空白。

一个人独处的时候是读书最快乐的时候，你读什么书完全由你自己选择。我最喜欢读的书是漫画书，就像我看电影最喜欢看卡通电影一样，因此也常常怀疑自己的心智还停留在儿童时期。每次拿到一本漫画书，我都会情不自禁地喜上眉梢。蔡志忠的漫画书我读了无数遍，最近又把韩国作家李元馥的漫画系列读了个遍。

读书就像谈恋爱一样，需要环境。我很少在电脑上读书，在电脑上读书就像和机器人谈恋爱一样，没有温暖的感觉。

读书一定要有书的气息，书的形状，书的个性。根据书内容的不同，你还需要选择不同的地点和时间来读。古代人读书要洗手焚香，有时候甚至还要有美女相伴。这种境界我们现在是没办法达到了，但我们依然可以创造一些小环境。

读古文要在深夜，点上一根蜡烛，沏上一杯清茶，一字一句地慢慢读、慢慢品味；读诗歌最好是在雨天，听着窗外的雨声，轻轻把诗歌读出来融入雨中，想着诗人悲惨的命运，读着诗歌中的梦绕魂牵，不禁悲从中来，号啕大哭；读小说你还需要选择不同的地点，在野外或湖边或山脚，把自己沉浸在小说的情节中，大悲大喜都有山川河流相呼应，不亦快哉；读哲学书籍应该去闹市，在人声鼎沸之处思考存在的缘由和出世的意义，即使思考不出所以然也不会出问题，因为你一抬头就看到了热闹的人间。

优秀的书籍就像难得的朋友，在你不需要的时候你感觉不到他们的存在，在你需要的时候，他们总会及时地来到你的身边，忠诚地守候在你的左右，和你的灵魂进行温馨的对话。

警惕电脑对人的控制

主动积极地生活和学习是人类幸福的出发点和归属地。

人对某种东西不知不觉产生的依赖心理，就是生命和灵魂受到控制的标志。要摆脱这种控制，需要有巨大的毅力和勇气，还需要有特别的洞察力，因为恶魔出现的时候，常常是以最美丽的外表来迷惑人的。

几年前，我买了一台 IBM 手提电脑，从此所有的工作计划和工作报告都用电脑写，每天通过 E-mail 收发上百封邮件，所有拍摄的照片都保存到电脑中。总之，电脑伴随着我，使我感到工作、学习和生活都方便了许多。电脑成了我 24 小时都离不开的最重要的东西，不管是出差还是旅游，我都会带上电脑。每天睡觉前我还要打开电脑听一会儿喜爱的歌曲。我感到，电脑成了我生命中最好的朋友。

但我逐渐发现，电脑在向我提供帮助的同时，却又像一个阴谋家一样在把我毁掉。

首先，我发现自己对汉字越来越陌生。最近刚好有几次我没有带电脑，但必须写一些文章，就只能用钢笔写。这时候，我发现自己对汉字的敏感性几乎已经完全丧失，很多字在我笔下根本写不出来，从简单的如“豢养”的“豢”，到复杂的如“饕餮”，在我脑袋中完全没有了印象。更要命的是，几年不练，我的钢笔字写得越发难看了。看着自己写的字，真有点惨不忍睹的感觉。

其次，我发现用E-mail写信表面上提高了效率，实际却降低了效率，浪费了时间。原来没有E-mail的时候，一天最多一两封亲笔信，别人没有重要事情也不写信给你，现在倒好，因为方便，又不用付邮资，有事没事大家就写信，你收到了别人的信，出于礼貌就得回信，结果大量的信件你来我往，真正重要的信没几封，不回信又会得罪人，到头来反而浪费了大量的时间和精力。

自从有了数码相机和电脑，似乎人人都变成了摄影家，每个人都扛着相机到处拍照。我也不能免俗，结果电脑里储存的照片多到了数不过来的地步。随着电脑储存内容的增加，它开始要起了小脾气。先是出现懒惰情绪，运行速度慢下来，每次开机都要等好几分钟才能打开。接着是缺乏免疫力，常常受病毒感染，动不动就以死机相威胁。表面可靠的电脑，常常能给你带来最痛苦的烦恼：我以前的一台笔记本电脑，一不小心掉在地上，就再也启动不了，结果里面快要写完的两本书和所有的心血都一起作了陪葬。这情形很像是你真心爱上了一个人，把身家性命都给了她，结果不小心碰了她一下，她就再也不回来了，还把你的家产席卷一空，想想真够伤心的。发现电脑给我带来这么多毛病的时候，我却已经欲罢不能了。

人类一旦被物质所控制，就会失去独立精神和主动精神，生命就会扭曲变形。

自从有了手表，人们就只知道低头看表，忘了抬头看天空中日月星辰的旋转；自从有了汽车，人们就只知道坐车来往，忘了和骏马一起奔腾的潇洒；电视机、游戏机之类的东西也是如此，都在以某种堂皇的理由消灭着积极的生命。

在使用电脑的过程中，我深深体会到了被控制的恐惧。理性地讲，这些发明创造大大改善了我们的生活，所以不是这些东西本身有错，而是我们使用它们的方式有错，所以我们要做的不是消灭这些机器，而是设法控制它们为我们所用，帮助我们的生命开出更加绚丽的鲜花来。

人生三境界

王国维在1908年发表的《人间词话》中谈道：“古今之成大事业、大学问者，必经过三种之境界：‘昨夜西风凋碧树，独上高楼，望尽天涯路。’此第一境也。‘衣带渐宽终不悔，为伊消得人憔悴。’此第二境也。‘众里寻他千百度，蓦然回首，那人却在灯火阑珊处。’第三境也。”

我们可以把第一种境界归结为迷茫，寻找生命价值、追求事业的迷茫；把第二种境界归结为执着，找到了某种值得投入生命的事业或者价值，愿意为此贡献余生；把第二种境界归结为开悟，在苦苦探索、执着无救之后的突然领悟，原来一切都这么简单，答案就在身边。就像牛顿在苦恼之余坐在苹果树下被苹果砸了一下，就像王阳明在竹子前面“格物致知”几度春秋之后突然领悟到了心乃一切之本。

古代禅宗大师青原惟信提出了参禅的三重境界：“老僧30年前未参禅时，见山是山，见水是水；及至后来，亲见知识，有个入处，见山不是山，见水不是水；而今得个休歇处，依然见山还是山，见水还是水。”

我们人生之初，思维狭隘，见识短浅，所以很容易看到什么就是什么，表面上好就是好，不懂得背后蕴藏的道理，看到哭就是哭，不知道哭背后的情感；在我们人生发展的道路上，常常会处处碰壁，事事灰心，最后对人对事产生无尽怀疑，觉得每个人都不再那么纯真，人人都暗藏玄机，包藏祸心，因此就很容易见人不是人，见鬼不是鬼；到了第三重境界，发现一切人皆有良知，一切事皆有因缘，看透了其实很简单，所以就有了看山还是山的明澈。“人本是人，不必刻意去做人；世本是世，无须精心去处世”，这才是做人与处世的正道。

上面的两个故事都充满了禅意，需要我们用一辈子的时间去体悟。

其实，做人做事在任何一个阶段都可以体现出不同的境界，不同的境界带来不同的结果和不同的人生。我们都听说过这样的故事：三个人都在搬砖头，第一个人搬砖头的时候，心里想的就是搬砖头，觉得自己除了搬砖头没有什么其他的本领，所以他就一辈子搬砖头了。第二个人搬砖头的时候想的是未来如何能够成为一个包工头，让别人搬砖头，最后他就成了一个包工头。第三个人搬砖头的时候心里想的是未来如何能够成为一个建筑师，盖出自己心里喜欢的房子来，最后这个人成了很好的建筑师。

我不是唯心主义者，但我深深相信在所有的生灵中，只有人可以用自己的心改变自己的命运和未来。有的时候，我们的心能够走多远，我们的脚就能够走多远。

我们在大学的学习也有三种境界：第一是为了找工作而学习，什么专业毕业最好找工作就学什么；第二是因为兴趣，确实因为深深喜欢自己学习的专业，毕业后能不能找到工作是其次的；第三是因为使命感而学习，或拥有“为往圣继绝学”的崇高，或怀抱“为万世开太平”的志向。

我们常常觉得第一种人很实在或者很现实，刚毕业出来也能找到不错的工作，但从长远说，只有第二、第三种人才能够真正体会到学习和工作的乐趣，也更能够深刻地体会到人生的奥妙，即使在穷困中也不失其苦中作乐的情怀。从现实角度来说，人们通常认为第一种人会挣更多的钱，但事实恰恰相反，第二、第三种人往往更加能够得到社会的认可和尊敬。易中天、于丹等所学的历史、哲学专业历来被认为是饿死人的专业，但他们证明了对专业的兴趣可以带来名利。袁隆平除了对水稻的浓厚兴趣，更肩负了一种使命感，最终他研究出了杂交水稻，造福几十亿人民。

毕业后面对工作依然会有三种境界：为薪水而工作，为喜欢的职业而工作，为内心的使命感而工作。这三者也许不矛盾，但只有到了第三种境界才能成就大业。

当一个人为薪水而工作时，工作对于他来说不是一种乐趣而是一种折磨，这样的人常常身心俱疲，满腹牢骚；一个人为了喜欢的职业而工作时，就像小孩玩乐高玩具一样，内心会充满欢喜和成就感，这个时候工作的幸福指数会大大提高；一个人为了使命感而工作时，工作已经不再是一份工作，而是一份事业、一份生命之所以存在的理由，一种崇高的生命本质。第三种人为数不多，但往往承担了引领世界的重任，政治家中如林肯，历史家中如司马迁，科学家中如爱迪生，投资家中如巴菲特等都属于这一类人。他们不仅仅成就了自己的生命，也为别人树立了榜样，更推动了世界的进步。

也许，在学习、工作、生活之前，先给自己定位，问一下自己处于哪种境界，比我们匆匆忙忙像蚂蚁一样学习、工作和生活更加重要。诸葛亮说过："非淡泊无以明志，非宁静无以致远。"淡泊一点，宁静一点，静而后动，这样我们这辈子也许能够走得更远一些。

俞敏洪的普鲁斯特答卷

1. 您目前的心境是怎样的？
   平静
2. 您最恐惧的是什么？
   恐惧本身
3. 您认为自己最大的成就是什么？
   保持了平凡的心态
4. 您最后悔的事情是什么？
   青春不再
5. 您最喜欢男性身上的什么品质？
   坚毅和大度
6. 您最喜欢女性身上的什么品质？
   善解人意
7. 您最伤痛的事是什么？
   伤痛的事早已化解为生命的营养
8. 您最看重朋友的什么特点？
   忠诚
9. 您这一生中最爱的人或东西是什么？
   最爱孩子和书

10. 如果您能选择的话，你希望让什么重现？

让长江三峡重新露出水面

11. 您最欣赏的历史人物？

苏东坡

12. 您现实中最欣赏的女性是谁？

林徽因

13. 您天性中的缺点是什么？

优柔寡断

14. 您最珍惜的东西是什么？

情义

15. 什么是您最不喜欢的？

小人

16. 您认为最完美的快乐是怎样的？

坐看云起

17. 还在世的人中你最钦佩的是谁？

普京

18. 您最喜欢的旅行是哪一次？

少年出游黄山

19. 您最痛恨别人的什么特点？

说话不算数

20. 您最珍惜的财产是什么？

心灵的丰富

21. 您最奢侈的是什么？

有几十本自己可以反复读的书

22. 您最希望拥有哪种才华？

高声歌唱

人物语录

1. 女人如果因为觉得一个男生帅就嫁给他，这是好色；男生因为女生漂亮而娶她，是审美。

2. 为什么你不要自傲和自卑？你可以说自己是最好的，但不能说自己是全校最好的、全北京最好的、全国最好的、全世界最好的，所以你不必自傲；同样，你可以说自己是班级最差的，但你能证明自己是全校最差的吗？能证明自己是全国最差的吗？所以不必自卑。

3. 年纪大了，人们看重的不再是外表，不是你帅不帅，而是看你的内心的魅力——你的气魄、气概。

4. 这个世界上有很多天才，天才是用来欣赏的，不是用来攀比的。

5. 你说我是猪，不对，其实我连猪都不如。很多人失去了快乐，是因为他太敏感了。别人一句话、一个评论就使自己生气一个月，这是非常无聊的。严重了就成了马家爵，因为别人不请自己吃饭就郁闷得要杀人。

6. 要每天多努力一些，比别人多努力一个小时。

7. 使这个世界灿烂的不是阳光，而是女生的微笑。

8. 要引人敬意，就要研究一个非常专业的领域，在那个领域中，你是最顶尖的，至少是中国前10名，这样无论任何时候你都有话说，有事情可做。

9. 大学生应该做的事情是：（1）专业方面，成为中国前100名（2）人文方面，读500本书（3）英语。

10. 如果你要引人注目，就要使得自己成为一棵树，傲立于大地之间；而不是做一颗草，你见过谁踩了一棵草，还抱歉地对草说：“对不起”？

11. 学英语好比学鸟叫，你在树林里学鸟叫，当有四只鸟落在你肩上时，说明你过了英语四级，当有六只鸟落在你肩上时，说明你过了英语六级，当有许多鸟落在你肩上，说明你成了鸟人。

12. 女人的温柔和男人的成就是成正比的。

13. 封闭的心，如同没有窗户的房间，会让你处在永恒的黑暗中。但实际上四周只是一层纸，一捅就破，外面则是一片光辉灿烂的天空。

14. 谁说“机会面前，人人平等”，我相信，个人奋斗制胜、攫取成功的精神财产将永远贫富不均。

15. 在我们的生活中最让人感动的日子总是那些一心一意为了一个目标而努力奋斗的日子。金字塔也是由每一块石头累积而成的，每一块石头都是很简单的，而金字塔却是宏伟而永恒的。

16. “在绝望中寻找希望”这句话，跟美国著名的民权运动家Martin Luther King所说的话是一模一样的，他在I have a dream演讲词中说过：“We will hew out of the mountain of despair a stone of hope.”（我们从绝望的大山中砍出一块希望的石头。）请记住，绝望是大山，但是只要你能砍出一块希望的石头，你就有了希望。